Einstellungstest Industriemechaniker / Industriemechanikerin

Kurt Guth
Marcus Mery

Einstellungstest Industriemechaniker / Industriemechanikerin

Fit für den Eignungstest im Auswahlverfahren

AUSBILDUNGS Park

Kurt Guth • Marcus Mery
Einstellungstest Industriemechaniker / Industriemechanikerin
Fit für den Eignungstest im Auswahlverfahren | Wissen, Mathe, Deutsch, Technik, Logik, räumliches Denken und mehr | Über 800 Aufgaben mit allen Lösungswegen

Ausgabe 2026

2. Auflage

Gestaltung: bitpublishing / s.b. design
Lektorat: Andreas Mohr, Thorben Pehlemann

Bildnachweis:
Archiv des Verlages
Umschlagfoto: © Kuznetcov_Konstantin – shutterstock.com
S. 13 (Mark Zuckerberg): https://commons.wikimedia.org/wiki/File:TechCrunch_SF_2013_SJP3269_(9728576896).jpg; _SJP3269/TechCrunch; CC BY 2.0 (https://creativecommons.org/licenses/by/2.0/legalcode); Original entfärbt, beschnitten
S. 16 (Otto von Bismarck): https://commons.wikimedia.org/wiki/File:Bundesarchiv_Bild_183-R68588,_Otto_von_Bismarck.jpg; Bundesarchiv, Bild 183-R68588 / P. Loescher & Petsch; CC-BY-SA 3.0; (https://creativecommons.org/licenses/by-sa/3.0/de/legalcode); Original beschnitten

Gedruckt auf chlorfrei gebleichtem Papier

Bettinastraße 69, 63067 Offenbach am Main
Printed in Germany

Satz: bitpublishing, Schwalbach
Druck: mediaprint solutions, Paderborn

ISBN 978-3-95624-069-0

1609 – AP EIM – 5j20

Bibliografische Information der Deutschen Nationalbibliothek –
Die Deutsche Nationalbibliothek verzeichnet diese Publikation in der Deutschen Nationalbibliografie; detaillierte bibliografische Daten sind im Internet über http://dnb.dnb.de abrufbar.

Inhaltsverzeichnis

Vorwort

Fahrzeuge, Maschinen, Chemieprodukte, Elektrotechnik – die Erzeugnisse der hiesigen Industrie sind rund um den Globus bekannt und gefragt. Güter „Made in Germany" haben einen guten Ruf, seit langem. Ein Erfolg, der auch auf den Fähigkeiten der vielen Fachkräfte beruht, die industrielle Maschinen und Anlagen montieren, installieren und in Betrieb halten.

Die Spezialisten in Sachen Industrietechnik sind die Industriemechaniker: Sie schleifen, bohren, fräsen und feilen, damit in Fabriken und Werkhallen ein Rädchen ins andere greift. Die Profis fürs Großgerät brauchen auch Fingerspitzengefühl und einen Blick für kleine Dimensionen: Mitunter genügen Defekte an winzigen Bauteilen, um komplette Fertigungsstraßen lahmzulegen.

Was bringt Ihnen dieses Buch?

Mit diesem Buch haben Sie alles zur Hand, was Sie brauchen, um sich auf computergesteuerte und schriftliche Tests im Auswahlverfahren für Industriemechaniker vorzubereiten. Sie lernen klassische und ungewöhnliche Aufgabentypen kennen, erfahren die besten Lösungsstrategien und machen sich mit der Prüfungssituation vertraut.

Auf den folgenden Seiten finden Sie eine Fülle typischer Aufgaben aus allen wichtigen Testbereichen: Allgemeinwissen, fachbezogenes Wissen, technisches Verständnis, Sprachbeherrschung, Mathematik, Logik, visuelles Denkvermögen, Konzentration und Merkfähigkeit. Der Lösungsteil am Schluss jedes Kapitels liefert nicht nur die richtigen Antworten, sondern erklärt auch die Lösungswege kompakt und verständlich. Dazu erhalten Sie Tipps und Tricks, um knifflige Aufgaben geschickt zu „knacken".

Eine grobe Richtschnur zur Einordnung Ihrer Ergebnisse: 50–60 % richtig gelöste Aufgaben können als ausreichend gelten, 60–70 % als befriedigend, 70–85 % als gut und höhere Werte als hervorragend – erfahrungsgemäß schafft das allerdings kaum jemand.

Wir wünschen Ihnen viel Erfolg!

Ihr Ausbildungspark-Team

Kontakt

Ausbildungspark Verlag
Kundenbetreuung
Bettinastraße 69
63067 Offenbach am Main

Telefon +49 (69) 40 56 49 73
Telefax +49 (69) 43 05 86 02
kontakt@ausbildungspark.com
www.ausbildungspark.com

10 Tipps für den Testerfolg

- **1. Gut vorbereiten.**
  Beginnen Sie rechtzeitig mit der Vorbereitung, portionieren Sie den Lernstoff in kleine Einheiten, planen Sie Pausenzeiten ein. Wer sich in den letzten Tagen vor dem Test zu viel zumutet, läuft Gefahr, das Gelernte weder zu verstehen noch zu behalten.

- **2. Informieren.**
  Fragen Sie frühzeitig nach: Welche Hilfsmittel (z. B. Taschenrechner) dürfen Sie benutzen? Welche Materialien (z. B. Stift, Papier, Lineal) müssen Sie mitbringen, welche werden Ihnen gestellt?

- **3. Entspannungshilfen finden.**
  Eignen Sie sich Entspannungstechniken an, zum Beispiel Atemübungen oder autogenes Training. Am Prüfungstag lassen sich Denkblockaden damit leichter überwinden.

- **4. Aufgeräumt ankommen.**
  Erscheinen Sie ausgeschlafen und pünktlich, achten Sie auf Ihren äußeren Eindruck – die Prüfer tun es auch. Und vergessen Sie das Frühstück nicht: Wer mit nüchternem Magen in die Prüfung startet, baut schneller ab und ist weniger leistungsfähig.

- **5. Lieber einmal mehr fragen.**
  Nutzen Sie die Möglichkeit, den Testleitern Fragen zu stellen, um Unklarheiten auszuräumen.

- **6. Aufgabenstellungen aufmerksam lesen.**
  Studieren Sie die Fragen und Bearbeitungshinweise sorgfältig. Manchmal sind kleine Finten eingebaut, die den unkonzentrierten Teilnehmer entlarven.

- **7. Zügig arbeiten.**
  Behalten Sie die Uhr im Auge und teilen Sie sich Ihre Zeit gut ein. Oft steigt das Schwierigkeitsniveau innerhalb einer Aufgabenkategorie zum Ende hin an. Eventuell hilft es, zuerst in jeder Kategorie die einfachen

Aufgaben zu lösen. Planen Sie etwas Zeit ein, um Ihre Antworten auf Flüchtigkeitsfehler und andere kleine Patzer zu kontrollieren.

- **8. Nicht verrückt machen lassen.**
  Der Test ist in der vorgegebenen Zeit beim besten Willen nicht zu schaffen? Dieser Eindruck kann völlig richtig sein. Viele Prüfungen sind so konzipiert, dass kaum jemand im vorgegebenen Zeitrahmen alle Aufgaben korrekt lösen kann. So wird zugleich das Arbeitsverhalten unter Druck getestet.

- **9. Nicht festbeißen.**
  Anstatt minutenlang an einer Aufgabe zu verzweifeln, gehen Sie lieber zur nächsten über. Mit den übersprungenen Fragen können Sie sich – angefangen bei der leichtesten – später noch beschäftigen. So manch kniffliger Fall entpuppt sich als leichte Übung, wenn die erste Anspannung überwunden ist.

- **10. Zur Not einfach raten.**
  Die schlechteste Antwort ist meistens keine Antwort: Falsche Lösungen werden nur selten mit Punktabzügen bestraft. Bei Multiple-Choice-Aufgaben mit mehreren Antwortvorschlägen lässt sich das richtige Ergebnis einkreisen, indem man die falschen Lösungen eine nach der anderen aussortiert.

Allgemeinwissen

Politik und Gesellschaft

Bearbeitungszeit 5 Minuten

Beantworten Sie bitte die folgenden Aufgaben, indem Sie jeweils den richtigen Lösungsbuchstaben markieren.

1) Wo hat der Bundeskanzler seinen Amtssitz?

A. Bonn
B. Berlin
C. München
D. Rheinland-Pfalz
E. Keine Antwort ist richtig.

2) Zur Veränderung eines länderbezogenen Bundesgesetzes bedarf es nicht nur der Zustimmung des Bundestages, sondern auch der des …?

A. Innenministers.
B. Bundestagspräsidenten.
C. Bundesrates.
D. Justizministers.
E. Keine Antwort ist richtig.

3) Wer wählt in Deutschland den Bundeskanzler?

A. Das Volk
B. Die Minister
C. Der Bundestag
D. Der Bundespräsident
E. Keine Antwort ist richtig.

4) Welches politische System hat die Bundesrepublik Deutschland?

A. Parlamentarische Demokratie
B. Parlamentarische Monarchie
C. Militärdiktatur
D. Sozialismus
E. Keine Antwort ist richtig.

5) Wer bestimmt die Richtlinien der deutschen Politik?

A. Innenminister
B. Bundestagspräsident
C. Bundeskanzler
D. Bundespräsident
E. Keine Antwort ist richtig.

6) Wer war der erste sozialdemokratische Kanzler der Bundesrepublik Deutschland?

A. Ludwig Erhard
B. Kurt Georg Kiesinger
C. Helmut Schmidt
D. Willy Brandt
E. Keine Antwort ist richtig.

7) Wo hat die Deutsche Bundesbank ihren Sitz?

A. Karlsruhe
B. Berlin
C. Frankfurt
D. Düsseldorf
E. Keine Antwort ist richtig.

8) Wie ist die Bundesversammlung zusammengesetzt?

A. Ausschließlich aus Mitgliedern des Bundestages
B. Ausschließlich aus Vertretern der Länder
C. Aus Mitgliedern des Bundestages und Vertretern der Länder
D. Ausschließlich aus Politikern
E. Keine Antwort ist richtig.

9) Wie heißt der US-amerikanische Auslandsgeheimdienst?

A. Dipartimento delle Informazioni per la Sicurezza (DIS)
B. Federal Bureau of Investigation (FBI)
C. Secret Intelligence Service (SIS)
D. Central Intelligence Agency (CIA)
E. Keine Antwort ist richtig.

10) Wo befindet sich der offizielle Sitz des Europäischen Parlaments?

A. Straßburg
B. Brüssel
C. Kopenhagen
D. Luxemburg
E. Keine Antwort ist richtig.

Wirtschaft und Finanzen

Bearbeitungszeit 5 Minuten

Beantworten Sie bitte die folgenden Aufgaben, indem Sie jeweils den richtigen Lösungsbuchstaben markieren.

11) Was bezeichnet man als „wirtschaftliche Depression"?

A. Hochkonjunktur
B. Aufschwungphasen im Konjunkturzyklus
C. Wirtschaftliche Tiefphase
D. Abschwungphasen im Konjunkturzyklus
E. Keine Antwort ist richtig.

12) Die Verfügbarkeit über genügend Zahlungsmittel in einem Unternehmen nennt man …?

A. Vermögen.
B. Kapital.
C. Geld.
D. Liquidität.
E. Keine Antwort ist richtig.

13) Wer bestimmt den Leitzinssatz im Euro-Währungsgebiet?

A. Deutsche Bundesbank
B. Deutsche Zentralbank
C. Landesbanken
D. Europäische Zentralbank
E. Keine Antwort ist richtig.

14) Mit welchem Rohstoff befasst sich die Organisation OPEC?

A. Erdöl
B. Gold
C. Kohle
D. Eisen
E. Keine Antwort ist richtig.

15) Wie heißt dieser IT-Unternehmer?

A. Mark Zuckerberg
B. Jeff Bezos
C. Bill Gates
D. Steven Jobs
E. Keine Antwort ist richtig.

16) Was versteht man unter dem Begriff „Boom“ im wirtschaftlichen Zusammenhang?

A. Konjunkturabschwächung
B. Konjunkturrückgang
C. Hochkonjunktur
D. Konjunkturabschwung
E. Keine Antwort ist richtig.

17) Was sind Subventionen?

A. Sonderzahlungen an das Militär
B. Strafen, die bei Gesetzesverstößen angeordnet werden
C. Mindestlöhne in der Landwirtschaft
D. Finanzielle Unterstützungen des Staates für Unternehmen
E. Keine Antwort ist richtig.

18) Wie lautet die Bezeichnung für den bargeldlosen Zahlungsverkehr?

A. EC-Karte
B. Kreditkarte
C. Sparbuch
D. Giroverkehr
E. Keine Antwort ist richtig.

19) Was bedeutet der Begriff „Tarifautonomie“?

A. Die Tarifvertragsparteien können Löhne und Gehälter frei vereinbaren.
B. Die Belegschaft darf Löhne und Gehälter frei bestimmen.
C. Die Arbeitgeberverbände können Löhne und Gehälter festlegen.
D. Die Gewerkschaften entscheiden frei über Löhne und Gehälter.
E. Keine Antwort ist richtig.

20) Was versteht man unter „Fiskalpolitik“?

A. Die politische Diskussion über Diäten
B. Die politische Diskussion über Forschung und Entwicklung
C. Ein wirtschaftspolitisches Instrument zur Kriminalitätsbekämpfung
D. Ein wirtschaftspolitisches Instrument des Staates
E. Keine Antwort ist richtig.

Geschichte und Kultur

Bearbeitungszeit 5 Minuten

Beantworten Sie bitte die folgenden Aufgaben, indem Sie jeweils den richtigen Lösungsbuchstaben markieren.

21) Welches Ereignis steht am Ende der Weimarer Republik?

A. Die Machterlangung der Nationalsozialisten
B. Die deutsche Niederlage im Ersten Weltkrieg
C. Die Ausrufung der Republik
D. Der Friedensvertrag von Versailles
E. Keine Antwort ist richtig.

22) Wann ungefähr begann das Mittelalter?

A. Im 18. Jahrhundert
B. Im 12. Jahrhundert
C. Nach den Kreuzzügen
D. Mit der Völkerwanderung
E. Keine Antwort ist richtig.

23) Wer eroberte 1453 die Stadt Konstantinopel?

A. Die Kreuzritter
B. Die Vandalen
C. Die Spanier
D. Die Osmanen
E. Keine Antwort ist richtig.

24) Welcher folgende Staat war als erstes eine Demokratie?

A. Japan
B. Vereinigte Staaten von Amerika
C. Griechenland
D. Frankreich
E. Keine Antwort ist richtig.

25) In welchem Jahr brach der Dreißigjährige Krieg aus?

A. 1597
B. 1618
C. 1789
D. 1848
E. Keine Antwort ist richtig.

26) Welchen Nachnamen trug das Geschwisterpaar, das während des „Dritten Reichs" gegen den Nationalsozialismus protestierte?

A. Stauffenberg
B. Elser
C. Scholl
D. Frank
E. Keine Antwort ist richtig.

27) Wie heißt in der antiken römischen Mythologie der Gott des Krieges?

A. Ares
B. Apollo
C. Mars
D. Merkur
E. Keine Antwort ist richtig.

28) Wer ist das?

A. Wilhelm I. von Preußen
B. Paul von Hindenburg
C. Otto von Bismarck
D. Napoleon Bonaparte
E. Keine Antwort ist richtig.

29) Wann wurde die Berliner Mauer errichtet?

A. 1958
B. 1961
C. 1968
D. 1974
E. Keine Antwort ist richtig.

30) In welchem Jahrhundert wurde Amerika entdeckt?

A. Im 14. Jahrhundert
B. Im 15. Jahrhundert
C. Im 16. Jahrhundert
D. Im 17. Jahrhundert
E. Keine Antwort ist richtig.

Geografie

Bearbeitungszeit 5 Minuten

Beantworten Sie bitte die folgenden Aufgaben, indem Sie jeweils den richtigen Lösungsbuchstaben markieren.

31) Welches ist das flächengrößte deutsche Bundesland?

A. Mecklenburg-Vorpommern
B. Bayern
C. Rheinland-Pfalz
D. Brandenburg
E. Keine Antwort ist richtig.

32) Welcher besonders lange Fluss fließt durch Dresden?

A. Donau
B. Elbe
C. Main
D. Rhein
E. Keine Antwort ist richtig.

33) Aus wie vielen Bundesländern besteht die Bundesrepublik Deutschland?

A. 12
B. 14
C. 15
D. 16
E. Keine Antwort ist richtig.

34) Wie heißt die Landeshauptstadt von Rheinland-Pfalz?

A. Mainz
B. Ludwigshafen
C. Speyer
D. Worms
E. Keine Antwort ist richtig.

35) Welches ist der höchste deutsche Berg?

A. Biberkopf
B. Brocken
C. Zugspitze
D. Feldberg
E. Keine Antwort ist richtig.

36) Wie heißt die Meerenge zwischen Schwarzem Meer und Mittelmeer?

A. Bosporus
B. Straße von Gibraltar
C. Sueskanal
D. Straße von Tunis
E. Keine Antwort ist richtig.

37) Wie heißt die dunkelgrau eingefärbte Halbinsel im Schwarzen Meer?

A. Krim
B. Istrien
C. Peloponnes
D. Jütland
E. Keine Antwort ist richtig.

38) Auf welchem Kontinent liegt Uruguay?

A. Südamerika
B. Afrika
C. Asien
D. Europa
E. Keine Antwort ist richtig.

39) Welchem Staat ist die richtige Hauptstadt zugeordnet?

A. Italien – Mailand
B. Türkei – Istanbul
C. Spanien – Madrid
D. Russland – Sankt Petersburg
E. Keine Antwort ist richtig.

40) Welcher Anteil der Erdoberfläche ist ungefähr mit Wasser bedeckt?

A. 30 %
B. 50 %
C. 70 %
D. 90 %
E. Keine Antwort ist richtig.

Physik

Bearbeitungszeit 5 Minuten

Beantworten Sie bitte die folgenden Aufgaben, indem Sie jeweils den richtigen Lösungsbuchstaben markieren.

41) Welche elektrische Größe wird in Volt angegeben?

A. Elektrischer Widerstand
B. Elektrische Spannung
C. Elektrische Stromstärke
D. Grundeinheit des elektrischen Stroms
E. Keine Antwort ist richtig.

42) Wie nennt man die Pole eines Magneten?

A. Kathode und Anode
B. Dipol
C. Plus- und Minuspol
D. Nord- und Südpol
E. Keine Antwort ist richtig.

43) Wenn ein Körper nicht beschleunigt wird, dann ...?

A. bewegt er sich mit Sicherheit nicht.
B. verliert er mit Sicherheit an Energie.
C. behält er seine Geschwindigkeit mit Sicherheit bei.
D. besitzt er mit Sicherheit keine Masse.
E. Keine Antwort ist richtig.

44) Was ist ein Elektron?

A. Ein chemisches Element
B. Ein elektrisch geladenes Proton
C. Ein elektrisch geladenes Neutron
D. Ein negativ geladenes Elementarteilchen
E. Keine Antwort ist richtig.

45) In welcher Maßeinheit wird der Reifendruck gemessen?

A. K
B. PS
C. Nm
D. bar
E. Keine Antwort ist richtig.

46) Welche Maßeinheit dient nicht zum Messen von Temperaturen?

A. Fahrenheit
B. Kelvin
C. Celsius
D. Tesla
E. Keine Antwort ist richtig.

47) Welche Formel zum ohmschen Gesetz ist richtig?

A. $\frac{R}{U}=I$

B. $U \times R = I$

C. $\frac{U}{R}=I$

D. $U \times I = R$

E. Keine Antwort ist richtig.

48) Unter welcher Bedingung sinkt ein Festkörper in einer Flüssigkeit?

A. Wenn die Gewichtskraft des Festkörpers größer ist als jene der verdrängten Flüssigkeit

B. Wenn die Gewichtskraft der Flüssigkeit höher ist als die Auftriebskraft des Festkörpers

C. Wenn die Dichten von Flüssigkeit und Festkörper gleich sind

D. Wenn die Gewichtskraft des Festkörpers geringer ist als jene der verdrängten Flüssigkeit

E. Keine Antwort ist richtig.

49) Wie wird in der Physik die Arbeit (W) definiert?

A. Kraft (F) mal Weg (s)

B. Kraft (F) mal Widerstand (R)

C. Weg (s) mal Zeit (t)

D. Geschwindigkeit (v) mal Weg (s)

E. Keine Antwort ist richtig.

50) Beim Hebelgesetz gilt: Kraft mal Kraftarm gleich …?

A. Kraftarm minus Lastarm.

B. Last minus Lastarm.

C. Last durch Lastarm.

D. Last mal Lastarm.

E. Keine Antwort ist richtig.

Biologie und Chemie

Bearbeitungszeit 5 Minuten

Beantworten Sie bitte die folgenden Aufgaben, indem Sie jeweils den richtigen Lösungsbuchstaben markieren.

51) Womit atmen Fische?

A. Mit Wasserlungen
B. Mit punktförmigen Organen unterhalb ihrer Schuppen
C. Mit den Kiemen
D. Mit speziellen Auswachsungen an den Flossen
E. Keine Antwort ist richtig.

52) Woraus wird Benzin gewonnen?

A. Ethanol
B. Gas
C. Mineralien
D. Erdöl
E. Keine Antwort ist richtig.

53) Welche Kulturpflanze wurde nicht aus Amerika nach Europa eingeführt?

A. Tomate
B. Kartoffel
C. Mais
D. Karotte
E. Keine Antwort ist richtig.

54) Wie nennt man Bäume, die in jahrelanger Arbeit klein gehalten werden?

A. Bonsai
B. Stecklinge
C. Ikebana
D. Origami
E. Keine Antwort ist richtig.

55) Was ist eine Emulsion?

A. Eine besonders kratzfeste Beschichtung
B. Ein ätzendes Reinigungsmittel
C. Ein Gemisch zweier Flüssigkeiten
D. Eine explosive Lösung
E. Keine Antwort ist richtig.

56) Wie heißt der chemische Prozess, bei dem Eisen rostet?

A. Kondensation
B. Oxidation
C. Elektrolyse
D. Homogenisierung
E. Keine Antwort ist richtig.

57) Welcher der folgenden festen Stoffe ist besonders leicht entzündlich?

A. PVC
B. Magnesiumspäne
C. Holz
D. Diamanten
E. Keine Antwort ist richtig.

58) Wofür sind die weißen Blutkörperchen zuständig?

A. Sauerstofftransport im Blut
B. Abwehr von Krankheitserregern
C. Schnelle Blutgerinnung
D. Transport von Nährstoffen
E. Keine Antwort ist richtig.

59) Was ist ein Molekül?

A. Gruppe von Metallen
B. Gruppe von Elementen
C. Gruppe von Atomen
D. Gruppe von Protonen
E. Keine Antwort ist richtig.

60) Wo leben Pinguine?

A. Antarktis
B. Arktis
C. Grönland
D. Finnland
E. Keine Antwort ist richtig.

IT/EDV-Kenntnisse

Bearbeitungszeit 5 Minuten

Beantworten Sie bitte die folgenden Aufgaben, indem Sie jeweils den richtigen Lösungsbuchstaben markieren.

61) Welche Aussage zum E-Mail-Verkehr ist falsch?

A. E-Mail-Verkehr ist eine günstige Alternative zum herkömmlichen Briefverkehr.
B. Die Zustellgeschwindigkeit ist ein großer Vorteil.
C. Die Zustellgeschwindigkeit ist unwesentlich langsamer als auf dem Postweg.
D. E-Mails können schädliche Programme enthalten.
E. Keine Antwort ist richtig.

62) Was wird in der IT-Sprache unter dem Begriff „Browser" verstanden?

A. Ein Programm zur Netzwerkeinrichtung
B. Eine Software, um Viren abzuwehren
C. Eine Suchmaschine im Internet
D. Ein Programm, das das Surfen im Internet ermöglicht
E. Keine Antwort ist richtig.

63) Was versteht man im IT-Bereich unter dem Begriff „Virus"?

A. Kleine Computerprogramme, die sich an andere Programme hängen
B. Hilfsprogramme
C. Nützliche Systemsoftware
D. Schädlingsbekämpfer
E. Keine Antwort ist richtig.

64) Was wird unter dem Begriff „TCP/IP" verstanden?

A. Das TCP/IP ist eine Benutzerkennung im Internet.
B. Das TCP/IP ist ein Netzwerkprotokoll, das ausschließlich für das Internet eingesetzt werden kann.
C. Das TCP/IP ist eine neue Computer-Generation.
D. Das TCP/IP ist ein Netzwerkprotokoll, das beispielsweise für den Austausch von Daten im Internet benötigt wird.
E. Keine Antwort ist richtig.

65) Welche Funktion hat der Hauptprozessor eines Computers?

A. Der Prozessor ist ein Datenspeicher.
B. Der Prozessor ist das Herzstück eines Computers und steuert die Bestandteile.
C. Der Prozessor ist ein Gerät zur Unterstützung der Stromversorgung.
D. Der Prozessor fährt den Computer hoch.
E. Keine Antwort ist richtig.

66) Was verstehen Sie unter „FireWire"?

A. Eine besondere Art von Fax-Geräten
B. Eine Hochgeschwindigkeits-Computerschnittstelle
C. Eine Druckertechnik
D. Einen Browser
E. Keine Antwort ist richtig.

67) Was ist ein LAN?

A. Ein Rechnernetz
B. Ein Internetprotokoll
C. Ein Glasfaserkabel
D. Ein Kupferkabel mit Texasstecker
E. Keine Antwort ist richtig.

68) Welche Reihe sortiert die jeweiligen Datenmengen in aufsteigender Folge?

A. Byte, Kilobyte, Gigabyte, Megabyte
B. Byte, Bit, Kilobyte, Megabyte
C. Kilobyte, Terabyte, Megabyte, Gigabyte
D. Byte, Kilobyte, Megabyte, Gigabyte
E. Keine Antwort ist richtig.

69) Wobei handelt es sich um ein Peripheriegerät?

A. Soundkarte
B. Grafikkarte
C. Drucker
D. Firewire
E. Keine Antwort ist richtig.

70) Wofür steht in der IT-Sprache der Begriff „Client"?

A. Für einen Rechner, der sich in einer untergeordneten Struktur befindet
B. Für einen Rechner, der sich in einer übergeordneten Struktur befindet
C. Für einen Rechner, der als Server betrieben wird
D. Für ein Netzwerk mit mehreren Rechnern
E. Keine Antwort ist richtig.

Definitionen

Bearbeitungszeit 5 Minuten

Im Folgenden werden verschiedene Begriffe erklärt.

Bitte finden Sie für jede Definition den richtigen Begriff und schreiben Sie ihn in das Lösungsfeld.

71) Mit Handgriff und aufklappbarem Deckel versehener rechteckiger Behälter, mit dem man Gegenstände auf Reisen transportieren kann

____

72) Zustand erhöhter Körpertemperatur, meist infolge einer Abwehrreaktion des Organismus

____

73) Optisches Hilfsmittel aus einem Gestell, einem Bügel und zwei Gläsern, mit dem sich Fehlsichtigkeiten korrigieren lassen

____

74) Bauwerk, das es Wasserfahrzeugen ermöglicht, unterschiedliche Wasserstände zwischen verschiedenen Abschnitten einer Wasserstraße zu überwinden

____

75) Markt, an dem regelmäßig zu bestimmten Zeiten Wertpapiere gehandelt werden

____

76) Dicht bewachsener, sumpfiger, schwer durchdringlicher tropischer Wald

____

77) Gerät zur akustischen Alarmierung oder Warnung, das typischerweise an- und abschwellende Heultöne erzeugt

____

78) Satzzeichen in Form eines kurzen, geschwungenen Strichs, das Sätze oder Satzteile voneinander trennt

____

79) Erstaufführung einer Operninszenierung, eines Films oder eines Theaterstücks

____

80) Zeitspanne von zehn Tagen, Wochen, Monaten oder Jahren

____

Abkürzungen

Bearbeitungszeit 5 Minuten

Beantworten Sie bitte die folgenden Aufgaben, indem Sie jeweils den richtigen Lösungsbuchstaben markieren.

81) Was bedeutet die Abkürzung „IBAN"?

A. Integrated Business Administration Notation
B. International Bank Account Number
C. Initiative for Bureaus and Networks
D. Improved Booking Advice Norm
E. Keine Antwort ist richtig.

82) Was bedeutet die Abkürzung „MwSt."?

A. Mineralwasser Still
B. Mehrwertsteuer
C. Medienwirksamer Showtermin
D. Mitwisserschaft
E. Keine Antwort ist richtig.

83) Was bedeutet die Abkürzung „p. a."?

A. Per annum
B. Und so weiter
C. Prozent
D. Perfekt angezogen
E. Keine Antwort ist richtig.

84) Wofür steht die Abkürzung „IHK"?

A. Internationale Handelskommission
B. Industrie- und Handelsabkommen
C. Internationale Handelskammer
D. Industrie- und Handelskammer
E. Keine Antwort ist richtig.

85) Was bedeutet die Abkürzung „ggf."?

A. gut, günstig, fair
B. gegebenenfalls
C. gemeingefährlich
D. geht ganz fix
E. Keine Antwort ist richtig.

86) Was bedeutet die Abkürzung „GmbH"?

A. Gemeinschaft musisch begabter Handwerker
B. Gericht mit besonderer Handhabe
C. Gesellschaft mit beschränkter Haftung
D. Grundlage militärisch bedingter Handlungen
E. Keine Antwort ist richtig.

87) Wofür steht die Abkürzung „BMW"?

A. Bayerische Mobilwerke
B. Benzinmotorwagen
C. Bayerische Motoren Werke
D. Blechschmiede München-West
E. Keine Antwort ist richtig.

88) Was bedeutet die Abkürzung „PVC"?

A. Polyvalente Chemie
B. Propylenvitrocarbonat
C. Phosphorversetztes Chrom
D. Polyvinylchlorid
E. Keine Antwort ist richtig.

89) Wofür steht die Abkürzung „DIN"?

A. Deutsches Institut für Normung
B. Deutsche Industrie für Normung
C. Deutsche Industrienorm
D. Deutscher Index für Normung
E. Keine Antwort ist richtig.

90) Was bedeutet die Abkürzung „Art."?

A. Artikel
B. Art und Weise
C. Artifiziell
D. Architekt
E. Keine Antwort ist richtig.

Lösungen: Allgemeinwissen

1) B	31) B	61) C
2) C	32) B	62) D
3) C	33) D	63) A
4) A	34) A	64) D
5) C	35) C	65) B
6) D	36) A	66) B
7) C	37) A	67) A
8) C	38) A	68) D
9) D	39) C	69) C
10) A	40) C	70) A
11) C	41) B	71) Koffer
12) D	42) D	72) Fieber
13) D	43) C	73) Brille
14) A	44) D	74) Schleuse
15) A	45) D	75) Börse
16) C	46) D	76) Dschungel
17) D	47) C	77) Sirene
18) D	48) A	78) Komma
19) A	49) A	79) Premiere
20) D	50) D	80) Dekade
21) A	51) C	81) B
22) D	52) D	82) B
23) D	53) D	83) A
24) B	54) A	84) D
25) B	55) C	85) B
26) C	56) B	86) C
27) C	57) B	87) C
28) C	58) B	88) D
29) B	59) C	89) A
30) B	60) A	90) A

Politik und Gesellschaft (Aufgaben 1–10)

Zu 1) B. Berlin

Der Bundeskanzler hatte von 1949 bis 1999 seinen Amtssitz in Bonn. Seit 1999 residiert er in Berlin, wo er 2001 das neu errichtete Bundeskanzleramtsgebäude bezog.

Zu 2) C. Bundesrates.

Als Gremium der Bundesländer entscheidet der Bundesrat an allen Bundesgesetzgebungen mit, welche die Bundesländer betreffen.

Zu 3) C. Der Bundestag

Der Bundeskanzler wird bei der Erstwahl vom Bundespräsidenten vorgeschlagen, vom Bundestag gewählt und danach vom Bundespräsidenten zum Bundeskanzler ernannt.

Zu 4) A. Parlamentarische Demokratie

In einer parlamentarischen Demokratie werden die wichtigsten politischen Entscheidungen von einem Parlament getroffen, das aus einer freien Volkswahl hervorgegangen ist und daraus seine Legitimation ableitet. Die parlamentarische Demokratie ist eine repräsentative Demokratie: Die gewählten Abgeordneten sollen das Volk vertreten, von dem als Souverän die Staatsgewalt ausgeht.

Zu 5) C. Bundeskanzler

Der Bundespräsident ist zwar das Staatsoberhaupt der Bundesrepublik Deutschland, doch der Bundeskanzler ist faktisch der mächtigste deutsche Politiker. Er bestimmt die Richtlinien der Politik und die Riege der Bundesminister (Bundeskabinett), die allerdings vom Bundespräsidenten ernannt werden.

Zu 6) D. Willy Brandt

Willy Brandt war von 1969 bis 1974 der erste Bundeskanzler der SPD, nach den drei CDU-Kanzlern Konrad Adenauer (1949–1963), Ludwig Erhard (1963–1966) und Kurt Georg Kiesinger (1966–1969).

Zu 7) C. Frankfurt

Die Deutsche Bundesbank ist die Zentralbank der Bundesrepublik. Sie hat ihren Sitz in Frankfurt am Main und ist Teil des europäischen Systems der Zentralbanken. Nachdem 1999 die Währungshoheit auf die Europäische Zentralbank überging, haben sich ihre Aufgabenbereiche wesentlich verkleinert.

Zu 8) C. Aus Mitgliedern des Bundestages und Vertretern der Länder

Die Bundesversammlung besteht aus den Mitgliedern des Bundestages und Abgesandten der Landesparlamente. Sie wird vom Bundestagspräsidenten einberufen und ihre einzige Aufgabe besteht in der Wahl des Bundespräsidenten.

Zu 9) D. Central Intelligence Agency (CIA)

CIA steht für „Central Intelligence Agency", den US-amerikanischen Auslandsgeheimdienst. Ein Nachrichtendienst oder auch Geheimdienst ist eine verdeckt und mit nachrichtendienstlichen Mitteln operierende Behörde, die Informationen zur außen-, innen- und sicherheitspolitischen Situation sammelt und diese auswertet.

Zu 10) A. Straßburg

Das Europäische Parlament ist das Parlament der Europäischen Union mit Sitz in Straßburg. Seit 1979 wird es alle fünf Jahre in allgemeinen, freien und geheimen Wahlen gewählt. Als weltweit einzige direkt gewählte supranationale Institution repräsentiert das Parlament rund 500 Millionen EU-Staatsbürger und wird auch als „Bürgerkammer der EU" bezeichnet. Seit der Parlamentsgründung 1952 wurden seine Kompetenzen mehrmals stark ausgeweitet, insbesondere durch die Verträge von Maastricht (1992) und Nizza (2001). Im Vergleich mit den nationalen Parlamenten hat es allerdings noch immer relativ wenige Rechte.

Wirtschaft und Finanzen (Aufgaben 11–20)

Zu 11) C. Wirtschaftliche Tiefphase

Eine wirtschaftliche Depression ist ein tiefer Einbruch in der Wirtschaftsentwicklung, gekennzeichnet durch vermehrte Konkurse, einen Börsencrash, Tiefstände in Beschäftigung und Investitionen sowie geringe Konsumkraft. Im Gegensatz dazu steht die Hochkonjunktur, auch „Boom" genannt.

Zu 12) D. Liquidität.

Verfügt ein Unternehmen über ausreichende Zahlungsmittel, um seine Verbindlichkeiten zu begleichen, bezeichnet man es als „liquide". Unterschieden wird zwischen der Barliquidität (Vermögen, das unmittelbar zur Zahlung eingesetzt werden kann), der einzugsbedingten Liquidität (Vermögen, das nicht unmittelbar zur Zahlung eingesetzt werden kann, aber eine kurzfristige Umwandlung ermöglicht wie diskontierbare Wechsel) sowie der umsatzbedingten Liquidität (Vermögen, das erst in Barmittel umgesetzt werden muss, z. B. Produkte und Wirtschaftsgüter).

Zu 13) D. Europäische Zentralbank

Den Leitzins im Währungsraum des Euro bestimmt seit dessen Einführung die Europäische Zentralbank. Man bezeichnet damit den Zinssatz, zu dem sich Geschäftsbanken von der Zentralbank Geld beschaffen können. Der Leitzins ist ein wichtiges geldpolitisches Instrument: Er beeinflusst den gesamten Refinanzierungsmarkt und damit die Liquidität des Währungsraums. Weitere wichtige Leitzinssätze sind die „Repo Rate" der Bank of England und die nominale „Federal Funds Rate" der Federal Bank of America.

Zu 14) A. Erdöl

Die OPEC, 1960 in Bagdad gegründet, ist die „Organisation erdölexportierender Länder" („Organization of the Petroleum Exporting Countries"). Mitglieder sind Algerien, Angola, Ecuador, Gabun, Indonesien, Iran, Irak, Kuwait, Libyen, Nigeria, Katar, Saudi-Arabien, die Vereinigten Arabischen Emirate und Venezuela. Ziel der OPEC ist ein gemeinsames Handelsmonopol für Erdöl, um die Fördermengen und die Preisentwicklung des Rohstoffs zu kontrollieren.

Zu 15) A. Mark Zuckerberg

Das Foto zeigt den Gründer und Vorstandsvorsitzenden von Facebook, Mark Zuckerberg. Zusammen mit drei Kommilitonen der Harvard-Universität rief er die Social-Media-Plattform 2004 ins Leben. Heute zählt das weltweit größte soziale Netzwerk über eine Milliarde Nutzer; der Börsenwert des Konzerns übersprang 2018 die 600-Milliarden-Dollar-Schwelle. Zuckerberg und Facebook stehen wegen Datenschutzfragen immer wieder in der Kritik.

Zu 16) C. Hochkonjunktur

„Boom" bezeichnet eine Phase der Hochkonjunktur. In der Hochkonjunktur herrscht Vollbeschäftigung und die wirtschaftlichen Kapazitäten sind aufgrund von starker Nachfrage voll ausgelastet. Das Lohnniveau, die Preise und die Zinsen steigen. Die Produktion wird so lange erhöht, bis es zu einer Marktüberhitzung kommt, wodurch die Konjunktur einen Abschwung erfährt.

Zu 17) D. Finanzielle Unterstützungen des Staates für Unternehmen

Subventionen sind finanzielle Vorteile, die ein Staat bestimmten Branchen oder Unternehmen gewährt. In Form direkter Subventionen kann der Staat Zuschüsse, günstige Kredite, Bürgschaften oder Förderungskapital vergeben. An indirekten Subventionen zu nennen sind Steuererlasse, Zollbefreiungen, Rückvergütungen, Erstattungen sowie der Verzicht auf Abgaben und sonstige Verbindlichkeiten.

Zu 18) D. Giroverkehr

Giroverkehr ist der bargeldlose Zahlungs- und Abrechnungsverkehr bei einem Kreditinstitut durch Gutschrift oder Lastschrift auf ein Girokonto. Dem Giroverkehr liegt das von der Deutschen Reichsbank im 19. Jahrhundert gegründete Gironetz zugrunde, das den bargeldlosen Zahlungsverkehr zwischen den einzelnen Banken ermöglicht.

Zu 19) A. Die Tarifvertragsparteien können Löhne und Gehälter frei vereinbaren.

„Tarifautonomie" bedeutet: Die Tarifvertragsparteien – die Gewerkschaften und Arbeitgeberverbände – können Tarifverträge frei vereinbaren, unabhängig vom Staat. Allerdings müssen sie sich dabei an bestimmte rechtliche Rahmenbedingungen halten.

Zu 20) D. Ein wirtschaftspolitisches Instrument des Staates

Als Teilbereich der Finanzpolitik ist die Fiskalpolitik ein wirtschaftspolitisches Instrument des Staates. Fiskalpolitische Maßnahmen beabsichtigen, das Steueraufkommen und die Staatsausgaben zu beeinflussen, um konjunkturelle Schwankungen auszugleichen. Ziele sind ein stabiles Wirtschaftswachstum, ein hoher Beschäftigungsstand und eine gleichmäßig geringe Inflation.

Geschichte und Kultur (Aufgaben 21–30)

Zu 21) A. Die Machterlangung der Nationalsozialisten

Wirtschaftliche und politische Krisen hatten die Weimarer Republik schon zu Beginn der 1930er-Jahre geschwächt. Das faktische Ende der parlamentarischen Demokratie war im Januar 1933 besiegelt, als Adolf Hitler zum Reichskanzler ernannt wurde und die Nationalsozialisten die Macht erlangten.

Zu 22) D. Mit der Völkerwanderung

Der Beginn des Mittelalters wird von Historikern recht unterschiedlich datiert. Einigkeit besteht jedoch darin, welche Vorgänge den Übergang von der Spätantike zum Frühmittelalter markieren: nämlich die Völkerwanderung, der Untergang des (west-)römischen Reiches und der Zerfall der politisch-kulturellen Einheit des Mittelmeerraums.

Zu 23) D. Die Osmanen

1453 eroberte ein osmanisches Heer unter Sultan Mehmed II. die Metropole Konstantinopel, das heutige Istanbul. Das Ereignis festigte den Rang des Osmanischen Reiches als Großmacht – und beendete das Byzantinische Reich, welches im Jahr 395 aus der Osthälfte des Römischen Reiches hervorgegangen war.

Zu 24) B. Vereinigte Staaten von Amerika

Die älteste Demokratie der Neuzeit sind die Vereinigten Staaten von Amerika. Die 1787 verabschiedete US-Verfassung garantiert unter anderem die föderale Republik, die Gewaltenteilung, elementare Bürgerrechte und die Volkssouveränität: Die wahlberechtigten Bürger wählen direkt oder indirekt das Staatsoberhaupt (den Präsidenten) und die Mitglieder des Parlaments. Die griechische Antike wird zwar oft als „Wiege der Demokratie" bezeichnet, den Staat Griechenland gibt es jedoch erst seit Ende der 1820er-Jahre.

Zu 25) B. 1618

Der Dreißigjährige Krieg brach 1618 aus, mit dem Aufstand der böhmischen Stände gegen die Herrschaft der Habsburger. Im Kriegsverlauf griffen alle Großmächte Europas auf den mitteleuropäischen Kriegsschauplätzen ein, mit verheerenden Folgen für die Bevölkerung. Nach fünfjährigen Verhandlungen konnten 1648 in Münster und Osnabrück die endgültigen Friedensverträge beschlossen werden. Sie führten zu einer politischen und territorialen Neuordnung Europas.

Zu 26) C. Scholl

Die Geschwister Hans und Sophie Scholl waren Mitglieder der „Weißen Rose", einer Widerstandsgruppe gegen den Nationalsozialismus. Die „Weiße Rose" bildete sich 1942 im Freundeskreis Hans Scholls und Alexander Schmorells im Umfeld der Münchener Universität. Die Gruppe prangerte unter anderem in Flugblättern die Verbrechen des NS-Regimes an. Nach ihrer Enttarnung wurden die Geschwister Scholl im Februar 1943 zum Tode verurteilt und hingerichtet.

Zu 27) **C.** Mars

In der römischen Mythologie ist Merkur der Götterbote und Apollo der Gott der Poesie und des Lichts. Der Gott des Krieges und der Schlachten heißt bei den alten Römern Mars, bei den antiken Griechen Ares.

Zu 28) **C.** Otto von Bismarck

Die Abbildung zeigt den Politiker und Staatsmann Otto von Bismarck (1815–1898). Er war von 1862 bis 1890 preußischer Ministerpräsident und von 1871 bis 1890 erster Reichskanzler des Deutschen Reiches, zu dessen Gründung er wesentlich beigetragen hatte. Innenpolitisch ist er bekannt als Kämpfer gegen den Katholizismus und die Arbeiterbewegung; außerdem schuf er die Grundlagen der Sozialversicherung. In der Außenpolitik errichtete er ein Bündnissystem, das sich später als äußerst zerbrechlich erweisen sollte.

Zu 29) **B.** 1961

Die Berliner Mauer trennte vom 13. August 1961 bis zum 9. November 1989 West-Berlin vom Ostteil der Stadt und dem umliegenden Gebiet der DDR. Sie war eines der bekanntesten Symbole für den Kalten Krieg und die Teilung Deutschlands. Bei dem Versuch, die 167,8 Kilometer lange Grenzanlage in Richtung West-Berlin zu überschreiten, wurden nach derzeitigem Forschungsstand zwischen 125 und 206 Menschen getötet.

Zu 30) **B.** Im 15. Jahrhundert

Am 12. Oktober 1492 erreichten die Schiffe des Christoph Kolumbus Amerika. Kolumbus ging zuerst auf einer Insel der Bahamas an Land, die er „San Salvador" taufte. Wie man heute weiß, wurde der amerikanische Kontinent schon rund 500 Jahre vor Kolumbus von Leif Eriksson oder anderen Isländern entdeckt. Dennoch gilt Kolumbus bis heute als Entdecker Amerikas, da erst seine Reisen zur dauerhaften Kolonisierung und Besiedlung durch Menschen anderer Kontinente führten. Da dies mit einer zum Teil äußerst gewaltsamen Verdrängung der Ureinwohner einherging, wird die historische Rolle des Kolumbus bis heute kontrovers diskutiert.

Geografie (Aufgaben 31–40)

Zu 31) B. Bayern

Der Freistaat Bayern ist das flächenmäßig größte deutsche Bundesland und hat nach Nordrhein-Westfalen die zweithöchste Einwohnerzahl. Bayern grenzt an Tschechien, Österreich und die Schweiz sowie an die Bundesländer Baden-Württemberg, Hessen, Thüringen und Sachsen. Die Hauptstadt Bayerns ist München.

Zu 32) B. Elbe

Die Elbe entspringt in Tschechien, fließt durch Deutschland und mündet in die Nordsee. An weiteren Großstädten durchfließt sie Magdeburg und Hamburg.

Zu 33) D. 16

Die Bundesrepublik Deutschland besteht aus 16 Bundesländern. In alphabetischer Folge: Baden-Württemberg, Bayern, Berlin, Brandenburg, Bremen, Hamburg, Hessen, Mecklenburg-Vorpommern, Niedersachsen, Nordrhein-Westfalen, Rheinland-Pfalz, Saarland, Sachsen, Sachsen-Anhalt, Schleswig-Holstein, Thüringen.

Zu 34) A. Mainz

Mainz, die Landeshauptstadt von Rheinland-Pfalz, ist mit über 200.000 Einwohnern zugleich größte Stadt des Bundeslands. Mainz gilt als Hochburg des Karnevals und beheimatet eine Universität, einen römisch-katholischen Bistumssitz sowie mehrere Fernseh- und Rundfunkanstalten, darunter das Zweite Deutsche Fernsehen (ZDF). Mainz liegt seiner Nachbarstadt Wiesbaden gegenüber an der Mündung des Mains in den Rhein.

Zu 35) C. Zugspitze

Die Zugspitze ist mit 2.962 Metern über Normalhöhennull der höchste Berg Deutschlands. Der Grenzberg zwischen Deutschland und Österreich gehört zum Wettersteingebirge in den nördlichen Kalkalpen. Ihren Namen erhielt die Zugspitze aufgrund der vielen Lawinenzüge an den Steilhängen ihres Nordfußes.

Zu 36) A. Bosporus

Der Bosporus, die Meerenge zwischen Europa und Kleinasien, verbindet das Schwarze Meer mit dem Marmarameer, einem Binnenmeer des Mittelmeers. An seinen Ufern erstreckt sich die Stadt Istanbul.

Zu 37) A. Krim

Die Krim ist die größte Halbinsel des Schwarzen Meeres und territorial umstritten. Nach dem Zerfall der

Sowjetunion 1991 konnte die Ukraine ihren Herrschaftsanspruch über die Krim gegen Autonomieforderungen durchsetzen. Doch in der Krimkrise 2014 kam es zu einem Machtwechsel: Nachdem die ukrainische Regierung infolge der Euromaidan-Proteste abgelöst worden war, bildeten Separatisten – gestützt durch russisches Militär – auf der Halbinsel eine Parallelregierung. Diese erklärte zunächst die Unabhängigkeit der Krim und verkündete später – nach einer international mehrheitlich nicht anerkannten Volksabstimmung – ihren Beitritt zur Russischen Föderation.

Zu 38) A. Südamerika

Uruguay ist der kleinste spanischsprachige Staat in Südamerika. Die Hauptstadt der Präsidialrepublik ist Montevideo. Das Land hat aufgrund der neunjährigen Schulpflicht eine der höchsten Alphabetisierungsraten Südamerikas.

Zu 39) C. Spanien – Madrid

Vorschlag C stimmt, die Hauptstadt Spaniens heißt Madrid. Die italienische Hauptstadt ist Rom, die russische Moskau. Bei Istanbul handelt es sich zwar um die bevölkerungsreichste Stadt der Türkei, die Hauptstadt ist jedoch Ankara.

Zu 40) C. 70 %

Die Erdoberfläche misst rund 510 Millionen Quadratkilometer. Davon sind knapp 71 % von Wasser bedeckt, der Rest ist Landmasse.

Physik (Aufgaben 41–50)

Zu 41) B. Elektrische Spannung

Das Volt – benannt nach dem italienischen Physiker Alessandro Volta – ist die international genormte SI-Einheit für elektrische Spannung mit dem Einheitenzeichen „V".

Zu 42) D. Nord- und Südpol

Die Pole eines Magneten heißen Nord- und Südpol. In grafischen Darstellungen ist der Nordpol meist rot und der Südpol grün eingefärbt, wobei die Feldlinien – die die Richtung und Stärke des Magnetfelds veranschaulichen – am Nordpol aus- und am Südpol eintreten.

Zu 43) C. behält er seine Geschwindigkeit mit Sicherheit bei.

Beschleunigung bedeutet, die Geschwindigkeit eines Körpers in einem definierten Zeitraum zu verändern – entweder positiv (beschleunigen) oder negativ (bremsen). Wenn ein Körper nicht beschleunigt wird, kann man daher nur eines mit Sicherheit sagen: dass er seine momentane Geschwindigkeit beibehält. Wie hoch diese ist, darüber sagt die Beschleunigung nichts aus.

Zu 44) D. Ein negativ geladenes Elementarteilchen

Das Elektron ist ein negativ geladenes Elementarteilchen mit dem Symbol e^-. In den bisher möglichen Experimenten zeigen Elektronen keine innere Struktur und können insofern als punktförmig angenommen werden. Die experimentelle Obergrenze für die Größe des Elektrons liegt derzeit bei etwa 10^{-19} m. In Atomen und Ionen bilden Elektronen die Elektronenhülle.

Zu 45) D. bar

Die international genormte SI-Standardeinheit für physikalischen Druck ist Pascal (Pa). Ein Pascal entspricht dabei der Kraft von einem Newton (N), ausgeübt auf eine Fläche von einem Quadratmeter:

$$1\,\text{Pa} = 1\frac{\text{N}}{\text{m}^2}$$

Aus praktischen Gründen – da die Darstellung in Pascal zu umständlich wäre – misst man den Reifendruck jedoch nicht in Pascal, sondern in bar: 1 bar entspricht 100.000 Pascal.

Zu 46) D. Tesla

Die Einheit Celsius ist weltweit gebräuchlich, die Einheit Fahrenheit wird vor allem in den USA verwendet. Wissenschaftlicher Standard ist die Verwendung der Kelvin-Skala: 0 Kelvin entspricht der Temperatur des absoluten Nullpunkts (umgerechnet –273,15 Grad Celsius). 273,15 Kelvin entsprechen dem Nullpunkt der Celsius-Skala. Tesla ist die Standardeinheit der magnetischen Flussdichte.

Zu 47) C. $\frac{U}{R} = I$

Das ohmsche Gesetz besagt, dass sich die Stromspannung (gemessen in Volt) aus dem Produkt von Stromstärke (gemessen in Ampere) und Widerstand (gemessen in Ohm) ergibt:

Elektrische Spannung (U) = Elektrischer Widerstand (R) × Elektrischer Strom (I)

Umgeformt gilt demnach auch:

$$\frac{\text{Elektrische Spannung (U)}}{\text{Elektrischer Widerstand (R)}} = \text{Elektrischer Strom (I)}$$

Antwort C ist korrekt.

Zu 48) **A.** Wenn die Gewichtskraft des Festkörpers größer ist als jene der verdrängten Flüssigkeit

Ein Festkörper sinkt dann in einer Flüssigkeit, wenn seine Gewichtskraft höher ist als die Gewichtskraft der von ihm verdrängten Flüssigkeit.

Zu 49) **A.** Kraft (F) mal Weg (s)

In der Physik ist Arbeit definiert als das Produkt aus Kraft und Weg:

Arbeit (W) = Kraft (F) Weg (s)

Die Einheit der Arbeit ist das Joule, nach dem britischen Physiker James Prescott Joule (1818–1889).

Zu 50) **D.** Last mal Lastarm.

„Kraft mal Kraftarm gleich Last mal Lastarm", so lautet die Merkformel für das Hebelgesetz. Das bedeutet: Wenn eine Kraft über den Kraftarm eines Hebels angreift, kann damit eine Last bewegt werden, die am Lastarm des Hebels mit einer bestimmten Gewichtskraft anliegt. Dabei werden nur die (Gewichts-)Kräfte berücksichtigt, die in einem 90-Grad-Winkel zum Hebel angreifen. Bei entsprechendem Verhältnis von Kraftarm und Lastarm – langer Kraftarm, kurzer Lastarm – kann man mit geringem Kraftaufwand große Kraftwirkungen erzielen.

Biologie und Chemie (Aufgaben 51–60)

Zu 51) **C.** Mit den Kiemen

Über die Kiemenspalten im Vorderdarm können Fische den im Wasser gelösten Sauerstoff aufnehmen (Kiemenatmung). Auch manche Landlebewesen haben Kiemen, beispielsweise Würmer, Krebse, Amphibienlarven, Muscheln oder Schnecken. Bei Würmern und Krebsen sitzen die Kiemen an ihren Extremitäten, bei manchen Muscheln und Wasserschnecken in einer „Mantelhöhle" genannten Hautfalte.

Zu 52) **D.** Erdöl

Benzin ist ein komplexes Gemisch aus über 100 unterschiedlichen, hauptsächlich leichten Kohlenwasserstoffen. Es wird überwiegend aus veredelten Komponenten in der Erdölraffination hergestellt und vornehmlich als Kraftstoff eingesetzt. Benzin kann auch aus Kohle durch Kohleverflüssigung gewonnen werden, was allerdings sehr kostenintensiv ist und dementsprechend selten angewendet wird.

Zu 53) D. Karotte

Die Tomate wurde erstmals 1498 von Christoph Kolumbus aus der „neuen Welt" nach Europa gebracht, der Mais und die Kartoffel folgten im 16. Jh. Die heute bekannte Karotte bzw. Möhre ist eine Kreuzung mehrerer ursprünglicher Kulturformen aus dem Mittelmeerraum und Afghanistan.

Zu 54) A. Bonsai

„Bonsai" ist eine japanische Gartenbaukunst: Sträucher und Bäume werden in sehr kleine Gefäße gepflanzt, sodass sich ihre Wurzeln nicht ausbreiten können und ihr Wuchs auf Miniaturgröße beschränkt wird. Mithilfe spezieller Schnitt- und Drahttechniken werden die Pflanzen dabei ästhetisch geformt. Grundsätzlich kommen dafür alle möglichen Strauch- und Baumarten infrage.

Zu 55) C. Ein Gemisch zweier Flüssigkeiten

Eine Emulsion ist ein fein verteiltes Gemisch zweier verschiedener, normalerweise nicht mischbarer Flüssigkeiten ohne sichtbare Entmischung. Die eine Flüssigkeit ist dabei in kleinen Tröpfchen in der anderen verteilt. Typische Beispiele sind Öl-Wasser-Gemische wie in Mayonnaise oder zahlreichen Kosmetika.

Zu 56) B. Oxidation

Wenn Eisen rostet, leidet es unter dem chemischen Prozess der Oxidation. Dazu kann es kommen, wenn das Eisen mit einer Säure in Kontakt kommt; es genügen aber schon Sauerstoff und Wasser, die das Metall angreifen und es instabil machen. Jährlich werden durch die Korrosion an Eisen- oder Stahlkonstruktionen weltweit Schäden in Milliardenhöhe verursacht.

Zu 57) B. Magnesiumspäne

Magnesium reagiert recht heftig mit dem Luftsauerstoff, sodass sich Magnesiumspäne an der Luft ohne weiteres bis zur Selbstentzündung erhitzen können. Ebenfalls heftig ist die Reaktion mit Wasser, die schon bei niedrigen Temperaturen größere Mengen Wasserstoffs freisetzt, woraus in Verbindung mit Sauerstoff das explosive Knallgas entstehen kann.

Zu 58) B. Abwehr von Krankheitserregern

Weiße Blutkörperchen (Leukozyten) sind Teil der Immunabwehr und finden sich im Blut, im Rücken- und Knochenmark und in anderen Gewebeteilen. Ihre Hauptaufgabe liegt in der Abwehr von Krankheitserregern.

Zu 59) C. Gruppe von Atomen

Ein Molekül ist ein Teilchen, das aus mindestens zwei Atomen besteht, welche durch eine chemische Bindung verbunden sind. Moleküle sind die kleinsten Teilchen, die die Eigenschaften des zugrunde liegenden Stoffes haben. Es gibt Moleküle wie Sauerstoff (O_2), die aus einem einzigen Element aufgebaut sind – in diesem Fall den beiden O-Atomen. Die meisten Moleküle sind aber Verbindungen aus Nichtmetallen mit einem weiteren Nichtmetall, Halbmetall oder Metall.

Zu 60) A. Antarktis

Die meisten Pinguinarten leben etwa zwischen dem 45. und 60. Breitengrad südlicher Breite, wobei sich die größte Anzahl in den Küstengewässern der Antarktis und auf den nahegelegenen Inseln findet. Zudem gibt es Pinguine in Neuseeland, dem südlichen Australien, Südafrika, auf den vor Südamerika gelegenen Falklandinseln und an der Westküste hinauf bis nach Peru sowie auf den äquatornah gelegenen Galápagos-Inseln. Als kälteliebende Vögel treten sie in tropischen Gebieten nur dann auf, wenn Kaltwasserströmungen existieren. Der eigentliche Lebensraum der Pinguine ist das offene Meer, an das sie anatomisch hervorragend angepasst sind. Lediglich zum Brüten kehren sie an Land zurück.

IT/EDV-Kenntnisse (Aufgaben 61–70)

Zu 61) C. Die Zustellgeschwindigkeit ist unwesentlich langsamer als auf dem Postweg.

Die E-Mail ist eine auf elektronischem Weg in Computernetzwerken übertragene, briefartige Nachricht. Die Zustellgeschwindigkeit ist wesentlich höher als auf dem Postweg, da E-Mails quasi direkt nach dem Versand beim Empfänger ankommen. Der E-Mail-Verkehr ist noch vor dem World Wide Web der meistgenutzte Dienst des Internets, wobei mittlerweile schätzungsweise über 90 % des weltweiten E-Mail-Aufkommens auf Spam zurückzuführen ist.

Zu 62) D. Ein Programm, das das Surfen im Internet ermöglicht

Ein Webbrowser oder einfach „Browser" ist ein Programm, um Seiten im World Wide Web zu betrachten und zu durchsuchen (engl. „to browse" = „stöbern"). Man spricht auch von „Surfen", wenn man das Internet per Browser erkundet und beispielsweise über Hyperlinks (kurz „Links") von

„Client" (dt. „Kunde"), das Kontakt zu einem Server aufnimmt: sei es als Teil eines Rechnernetzwerks oder nach dem Client-Server-Modell. Der Client nutzt den Dienst, den das Server-Programm anbietet. Der Server ist jederzeit in Bereitschaft, um auf die Kontaktaufnahme eines Clients reagieren zu können. Im Unterschied zum passiven Server, der auf Anforderungen wartet, verhält sich der Client also aktiv.

Definitionen (Aufgaben 71–80)

Zu 71) Koffer

Zu 72) Fieber

Zu 73) Brille

Zu 74) Schleuse

Zu 75) Börse

Zu 76) Dschungel

Zu 77) Sirene

Zu 78) Komma

Zu 79) Premiere

Zu 80) Dekade

Abkürzungen (Aufgaben 81–90)

Zu 81) **B.** International Bank Account Number

„IBAN" ist die Abkürzung für „International Bank Account Number", eine standardisierte Notation von Bankkontonummern. Sie besteht aus einem zweistelligen Ländercode (z. B. DE für Deutschland), zwei Prüfziffern und einer Kontoidentifikation, die in Deutschland 18 Stellen hat und Bankleitzahl und Kontonummer enthält. Seit Februar 2016 ersetzt die IBAN EU-weit die bisherigen nationalen Kontonummern.

Zu 82) **B.** Mehrwertsteuer

Hinter dem Kürzel „MwSt." verbirgt sich die Mehrwert- oder auch Umsatzsteuer, die für den Austausch von Waren und Dienstleistungen zu entrichten ist. Die Mehrwertsteuer zählt zu den einträglichsten Einkommensquellen des deutschen Fiskus.

Zu 83) **A.** Per annum

Die Abkürzung „p. a." bedeutet „pro anno" bzw. „per annum", auf Deutsch „pro Jahr, auf das Jahr bezogen". Die Angabe ist vor allem im Geschäftsleben gebräuchlich, insbesondere im Finanzbereich. Unter anderem werden Zinsen oft mit dem Zusatz „p. a." angegeben, um zu verdeutlichen, dass es sich um einen jährlichen Zinssatz handelt.

Zu 84) D. Industrie- und Handelskammer

Die Industrie- und Handelskammern (IHKs) sind Interessensgemeinschaften der deutschen Wirtschaft. Sie vertreten ihre Mitgliedsunternehmen gegenüber dem Staat und in der Öffentlichkeit. Bundesweit gibt es 79 regionale Kammern; ihre Dachorganisation ist der Deutsche Industrie- und Handelskammertag (DIHK). Alle Unternehmen sind zur Mitgliedschaft in der zuständigen regionalen IHK verpflichtet, ausgenommen reine Handwerksbetriebe, Landwirtschaften und Freiberufler.

Zu 85) B. gegebenenfalls

Die Abkürzung „ggf." steht für „gegebenenfalls".

Zu 86) C. Gesellschaft mit beschränkter Haftung

Eine Gesellschaft mit beschränkter Haftung (GmbH) wird von juristischen oder natürlichen Personen durch einen notariell beurkundeten Gesellschaftsvertrag gegründet. Die Kapitaleinlagen der Gesellschafter bilden das Stammkapital der Gesellschaft, die eine eigene Rechtspersönlichkeit darstellt. Für die Verbindlichkeiten der Gesellschaft haften die Gesellschafter nur mit der geleisteten Kapitaleinlage, nicht mit ihrem Privatvermögen.

Zu 87) C. Bayerische Motoren Werke

Die BMW AG, Bayerische Motoren Werke Aktiengesellschaft, entstand 1916 in München aus den Bayerischen Flugzeugwerken. Der Automobil- und Motorradhersteller besitzt auch die Marken „Mini" und „Rolls-Royce". Mit international rund 130.000 Angestellten gehört der Konzern zu den größten Autobauern der Welt.

Zu 88) D. Polyvinylchlorid

PVC ist die Abkürzung für Polyvinylchlorid, einen harten, spröden Kunststoff, der durch Zugabe von Weichmachern und Stabilisatoren formbar wird. PVC wird in der Industrie vielfach verwendet, etwa für Fußbodenbeläge, Rohre und Isolierungen oder auch Schallplatten – daher die Bezeichnung „Vinyl".

Zu 89) A. Deutsches Institut für Normung

Die Abkürzung DIN bedeutete früher „Deutsche Industrie-Norm", seit 1975 steht sie für das Deutsche Institut für Normung e. V.: eine Einrichtung, die verbindliche Standards für Güter und Arbeitsabläufe in Industrie, Handel, Handwerk und Wissenschaft erarbeitet – die sogenannten DIN-Normen. Die Bandbreite dieser Vorgaben reicht vom DIN-Papierformat über Gestaltungsregeln in der Textverarbeitung bis hin zu Qualitätsrichtlinien für Schrauben und Muttern in der Raumfahrt.

Zu 90) A. Artikel

Die Abkürzung „Art." steht für Artikel, und zwar bei allen Formen des Wortgebrauchs: gleich, ob damit ein verkäufliches Produkt gemeint ist oder ein Abschnitt eines Gesetzestextes.

Fachbezogenes Wissen

Technik und Mechanik

Bearbeitungszeit 7½ Minuten

Beantworten Sie bitte die folgenden Aufgaben, indem Sie jeweils den richtigen Lösungsbuchstaben markieren.

1) Welche Aussage zu Metallen ist falsch?

A. Metalle haben eine gute elektrische Leitfähigkeit.
B. Metalle haben eine gute Formbarkeit.
C. Metalle können nur fest oder gasförmig sein.
D. Metalle haben eine gute thermische Leitfähigkeit.
E. Keine Antwort ist richtig.

2) Was geschieht, wenn der Stiel eines Hammers verlängert wird?

A. Man kann präziser schlagen.
B. Man kann besonders sanft schlagen.
C. Die Schlagkraft steigt.
D. Die Schwingung des Schlags wird besser gedämpft.
E. Keine Antwort ist richtig.

3) Wovon hängt die Leitfähigkeit eines Metalls ab?

A. Von der Reinheit des Stoffs
B. Von der Farbe des Metalls
C. Von der Zahl der freien Elektronen
D. Von der Zahl der Protonen
E. Keine Antwort ist richtig.

4) Ein Antriebsrad mit einem Umfang von zwei Metern wird über einen gekreuzten Riemen mit einem Laufrad (Umfang: 1 Meter) verbunden. Welche Aussage stimmt?

A. Bei jeder Umdrehung des Antriebsrads dreht sich das Laufrad zweimal.
B. Beide Räder drehen sich in dieselbe Richtung.
C. Bei jeder Umdrehung des Antriebsrads dreht sich auch das Laufrad einmal.
D. Das Antriebsrad dreht sich schneller als das Laufrad.
E. Keine Antwort ist richtig.

5) Welche Lichtquelle gibt mehr Licht ab: Eine 30-Watt-Glühbirne oder eine 30-Watt-Leuchtstoffröhre?

A. Beide geben gleich viel Licht ab.
B. Die Glühbirne
C. Die Leuchtstoffröhre
D. Das hängt von der Qualität des Stroms ab.
E. Keine Antwort ist richtig.

6) Ein Gewicht wird mithilfe eines einrolligen Flaschenzugs angehoben. Nun wird eine zusätzliche Rolle eingebaut. Verändert sich die erforderliche Zugkraft, um das Gewicht auf dieselbe Höhe zu ziehen?

A. Nein, die Zugkraft bleibt gleich.
B. Ja, die Zugkraft halbiert sich.
C. Ja, die Zugkraft ist um ein Viertel geringer.
D. Ja, die Zugkraft ist um ein Viertel höher.
E. Keine Antwort ist richtig.

7) Eine Balkenwaage befindet sich in Balance: An beiden Armen der Waage greifen gleiche Kräfte an. Nun wird das auf Waagschale A liegende Gewicht verdoppelt. Wodurch lässt sich die Balance nicht wiederherstellen.

A. Verdopplung des Gewichts auf Waagschale B
B. Halbierung des Abstands von Waagschale A zum Drehpunkt der Waage
C. Verdopplung des Abstands von Waagschale B zum Drehpunkt der Waage
D. Verdopplung der Länge beider Waagenarme
E. Keine Antwort ist richtig.

8) Welcher Begriff bezeichnet eine lösbare Verbindung zweier Bauteile mithilfe von Schrauben und Muttern?

A. Flansch
B. Bördel
C. Nut
D. Klemme
E. Keine Antwort ist richtig.

9) Was geschieht beim Arbeitsverfahren „Spanen"?

A. Ein Werkstück wird poliert und versiegelt.
B. Überflüssiges Material wird von einem Werkstoff abgetragen.
C. Verschiedene Bauteile werden zu einer Baugruppe zusammengefügt.
D. Oberflächen werden geglättet und geschmiert.
E. Keine Antwort ist richtig.

10) Welcher Werkstoff ist besonders leicht bearbeitbar, elektrisch isolierend und korrosionsbeständig?

A. Eisen
B. Kunststoff
C. Aluminium
D. Keramik
E. Keine Antwort ist richtig.

11) Was ist das Hauptmerkmal von Federn?

A. Sie sind gewunden.
B. Sie sind spröde.
C. Sie sind elastisch.
D. Sie sind hart.
E. Keine Antwort ist richtig.

12) Bei welchem Arbeitsverfahren überzieht man einen Gegenstand mit einer dünnen Metallschicht?

A. Galvanisieren
B. Pulverisieren
C. Isolieren
D. Imprägnieren
E. Keine Antwort ist richtig.

13) Welche Angabe bezieht sich auf einen elektrischen Widerstand?

A. 3 Σ
B. 0,5 A
C. 13 V
D. 150 Ω
E. Keine Antwort ist richtig.

14) Welche physikalische Größe gibt man in der Einheit Hertz an?

A. Die Frequenz
B. Die Kapazität
C. Die Induktivität
D. Die Relativität
E. Keine Antwort ist richtig.

21) Welche Funktion unterstützt die Leitspindel an einer Drehmaschine?

A. Werkstücke schleifen
B. Werkstücke kürzen
C. Gewinde schneiden
D. Löcher bohren
E. Keine Antwort ist richtig.

22) Worin unterscheiden sich Ketten nicht von Riemen?

A. Durch niedrigeren Schlupf
B. Durch grundsätzlich geringeren Platzverbrauch
C. Durch Unempfindlichkeit gegen äußere Einflüsse
D. Durch bessere Kraftübertragung
E. Keine Antwort ist richtig.

23) Welchen Vorteil hat die Fließbandfertigung nicht?

A. Hohe Effizienz durch starke Arbeitsteilung
B. Kurze Transportwege
C. Geringe Störanfälligkeit
D. Niedrige Fertigungszeiten
E. Keine Antwort ist richtig.

24) Computergesteuerte Werkzeugmaschinen nennt man auch ...?

A. DIGI-Maschinen.
B. CWM-Maschinen.
C. PCT-Maschinen.
D. CNC-Maschinen.
E. Keine Antwort ist richtig.

25) Wie geschieht die Kraft- und Energieübertragung in hydraulischen Anlagen?

A. Durch Druckluft
B. Durch Flüssigkeit
C. Über Stangen und Hebel
D. Über Seilzüge
E. Keine Antwort ist richtig.

26) Welches Öl sollte man zur Schmierung extrem enger Zwischenräume verwenden?

A. Ein besonders dickflüssiges Öl
B. Ein besonders dünnflüssiges Öl
C. Ein besonders viskoses Öl
D. Ein besonders schnell trocknendes Öl
E. Keine Antwort ist richtig.

9) Was geschieht beim Arbeitsverfahren „Spanen"?

A. Ein Werkstück wird poliert und versiegelt.
B. Überflüssiges Material wird von einem Werkstoff abgetragen.
C. Verschiedene Bauteile werden zu einer Baugruppe zusammengefügt.
D. Oberflächen werden geglättet und geschmiert.
E. Keine Antwort ist richtig.

10) Welcher Werkstoff ist besonders leicht bearbeitbar, elektrisch isolierend und korrosionsbeständig?

A. Eisen
B. Kunststoff
C. Aluminium
D. Keramik
E. Keine Antwort ist richtig.

11) Was ist das Hauptmerkmal von Federn?

A. Sie sind gewunden.
B. Sie sind spröde.
C. Sie sind elastisch.
D. Sie sind hart.
E. Keine Antwort ist richtig.

12) Bei welchem Arbeitsverfahren überzieht man einen Gegenstand mit einer dünnen Metallschicht?

A. Galvanisieren
B. Pulverisieren
C. Isolieren
D. Imprägnieren
E. Keine Antwort ist richtig.

13) Welche Angabe bezieht sich auf einen elektrischen Widerstand?

A. 3 Σ
B. 0,5 A
C. 13 V
D. 150 Ω
E. Keine Antwort ist richtig.

14) Welche physikalische Größe gibt man in der Einheit Hertz an?

A. Die Frequenz
B. Die Kapazität
C. Die Induktivität
D. Die Relativität
E. Keine Antwort ist richtig.

15) Welche Kategorie von Elektromotoren gibt es nicht?

A. Drehstrommotoren
B. Gleichstrommotoren
C. Universalmotoren
D. Reihenstrommotoren
E. Keine Antwort ist richtig.

Maschinen und Anlagen

Bearbeitungszeit 7½ Minuten

Beantworten Sie bitte die folgenden Aufgaben, indem Sie jeweils den richtigen Lösungsbuchstaben markieren.

16) Kraftmaschinen wandeln ...?

A. mechanische Energie in andere Energieformen um.
B. potenzielle Energie in andere Energieformen um.
C. andere Energieformen in mechanische Energie um.
D. andere Energieformen in potenzielle Energie um.
E. Keine Antwort ist richtig.

17) Photovoltaische Anlagen erzeugen ...?

A. aus Strom Licht.
B. aus Licht Strom.
C. aus Wärme Energie.
D. aus Energie Wärme.
E. Keine Antwort ist richtig.

18) Welche Art von Turbine gibt es nicht?

A. Gasturbine
B. Wasserturbine
C. Dampfturbine
D. Sandturbine
E. Keine Antwort ist richtig.

19) Mit einem Generator kann man ...?

A. chemische in mechanische Energie umwandeln.
B. elektrische Energie in Wärmeenergie umwandeln.
C. mechanische in elektrische Energie umwandeln.
D. elektrische in mechanische Energie umwandeln.
E. Keine Antwort ist richtig.

20) Eine Werkzeugmaschine läuft bei 2.800 U/min. Was bedeutet das?

A. Die Mindestspannung der Maschine beträgt 2.800 Volt.
B. Die Drehzahl beträgt 2.800 Umdrehungen pro Minute.
C. Die Mindestdrehzahl beträgt 2.800 Umdrehungen.
D. Die Leistungsaufnahme beträgt 2.800 Volt ÷ 60 Sekunden = 47 Watt.
E. Keine Antwort ist richtig.

21) Welche Funktion unterstützt die Leitspindel an einer Drehmaschine?

A. Werkstücke schleifen
B. Werkstücke kürzen
C. Gewinde schneiden
D. Löcher bohren
E. Keine Antwort ist richtig.

22) Worin unterscheiden sich Ketten nicht von Riemen?

A. Durch niedrigeren Schlupf
B. Durch grundsätzlich geringeren Platzverbrauch
C. Durch Unempfindlichkeit gegen äußere Einflüsse
D. Durch bessere Kraftübertragung
E. Keine Antwort ist richtig.

23) Welchen Vorteil hat die Fließbandfertigung nicht?

A. Hohe Effizienz durch starke Arbeitsteilung
B. Kurze Transportwege
C. Geringe Störanfälligkeit
D. Niedrige Fertigungszeiten
E. Keine Antwort ist richtig.

24) Computergesteuerte Werkzeugmaschinen nennt man auch ...?

A. DIGI-Maschinen.
B. CWM-Maschinen.
C. PCT-Maschinen.
D. CNC-Maschinen.
E. Keine Antwort ist richtig.

25) Wie geschieht die Kraft- und Energieübertragung in hydraulischen Anlagen?

A. Durch Druckluft
B. Durch Flüssigkeit
C. Über Stangen und Hebel
D. Über Seilzüge
E. Keine Antwort ist richtig.

26) Welches Öl sollte man zur Schmierung extrem enger Zwischenräume verwenden?

A. Ein besonders dickflüssiges Öl
B. Ein besonders dünnflüssiges Öl
C. Ein besonders viskoses Öl
D. Ein besonders schnell trocknendes Öl
E. Keine Antwort ist richtig.

27) Zur Gefahrenabwehr verfügen Maschinen und Anlagen über Not-Aus-Schalter. Woran erkennt man sie?

A. Not-Aus-Schalter bestehen aus einem roten Betätigungselement auf gelbem Grund.

B. Not-Aus-Schalter geben ein gelbes Blinklicht ab.

C. An jedem Not-Aus-Schalter findet sich eine dreieckige Hinweistafel mit einem schwarzen Blitzsymbol auf gelbem Grund.

D. Grüne Hinweisschilder weisen auf den jeweils nächsten Not-Aus-Schalter hin.

E. Keine Antwort ist richtig.

28) Ein wichtiger Bestandteil moderner Werkzeugmaschinen ist …?

A. die Gewindezange.

B. die Kupplungsbacke.

C. die Getriebenocke.

D. die Motorspindel.

E. Keine Antwort ist richtig.

29) Was ist eine Baugruppe?

A. Eine Serie gleichartiger Produkte, hergestellt in einem bestimmten Zeitraum

B. Eine aus mehreren Einzelteilen zusammengesetzte Komponente einer (elektro-)technischen Anlage

C. Die Gesamtheit der Mitarbeiter, die an der Fertigung eines bestimmten Produkts beteiligt sind

D. Ein Verbund von Maschinen, die bei der Montage zusammenwirken

E. Keine Antwort ist richtig.

30) Was ist ein Relais?

A. Der Schaltplan einer elektrischen Anlage

B. Das Schaltpult einer computergesteuerten Anlage

C. Ein elektromagnetischer Schalter

D. Ein Verstärker elektrischer Signale

E. Keine Antwort ist richtig.

Arbeitssicherheit

Bearbeitungszeit 7½ Minuten

Beantworten Sie bitte die folgenden Aufgaben, indem Sie jeweils den richtigen Lösungsbuchstaben markieren.

31) Was bedeutet dieses Piktogramm?

A. Sonarstrahlen
B. Magnetfelder
C. Lichtimpulse
D. Erschütterungen
E. Keine Antwort ist richtig.

32) Was bedeutet dieses Piktogramm?

A. Grelle Lichtquelle
B. Plötzliche Geräuschentwicklung
C. Mikrowellenstrahlung
D. Gefährliche elektrische Spannung
E. Keine Antwort ist richtig.

33) Was bedeutet dieses Piktogramm?

A. Entzündlicher Stoff
B. Radioaktiver Stoff
C. Magnetischer Stoff
D. Explosionsgefährlicher Stoff
E. Keine Antwort ist richtig.

34) Was bedeutet dieses Piktogramm?

A. Desinfektionspflicht
B. Kein Ausgang
C. Durchgang für Unbefugte untersagt
D. Ausweiskontrolle
E. Keine Antwort ist richtig.

35) Was bedeutet dieses Piktogramm?

A. Erste Hilfe
B. Christliche Seelsorge
C. Sammelplatz für Notfälle
D. Krankenhaus
E. Keine Antwort ist richtig.

36) Was bedeutet dieses Piktogramm?

A. Gasanschluss
B. Feuerlöscher
C. Sauerstoffzufuhr
D. Öltank
E. Keine Antwort ist richtig.

37) Was bedeutet dieses Piktogramm?

A. Schwankender Untergrund
B. Ungesicherter Übergang
C. Rutschgefahr
D. Steiler Anstieg
E. Keine Antwort ist richtig.

38) Was bedeutet dieses Piktogramm?

A. Radioaktivität
B. Turbine in Betrieb
C. Keine Atemluft
D. Lärmquelle
E. Keine Antwort ist richtig.

39) Was bedeutet dieses Piktogramm?

A. Zutritt verboten
B. Faulgase
C. Giftiger Stoff
D. Hochspannung
E. Keine Antwort ist richtig.

40) Was bedeutet dieses Piktogramm?

A. Sicherheitshinweise beachten
B. Gehörschutz tragen
C. Schutzhelm tragen
D. Minimale Sichtweite
E. Keine Antwort ist richtig.

41) Was bedeutet dieses Piktogramm?

A. Gehörschutz
B. Notruftelefon
C. Hilfe für Gehörlose
D. Lärmquelle
E. Keine Antwort ist richtig.

42) Was bedeutet dieses Piktogramm?

A. Kein Zutritt
B. Kein stabiler Untergrund
C. Boden nicht berühren
D. Festes Schuhwerk tragen
E. Keine Antwort ist richtig.

43) Was bedeutet dieses Piktogramm?

A. Verbot von offenem Feuer
B. Nichtraucherbereich
C. Vorsicht, Funkenflug
D. Brennbarer Feststoff
E. Keine Antwort ist richtig.

44) Was bedeutet dieses Piktogramm?

A. Explosionsgefahr
B. Minengefahr
C. Sirene
D. Laserstrahlung
E. Keine Antwort ist richtig.

45) Was bedeutet dieses Piktogramm?

A. Quarantänebereich
B. Gesichtsschutz benutzen
C. Seuchengefahr
D. Atemschutz anziehen
E. Keine Antwort ist richtig.

Praktisches Verständnis

Bearbeitungszeit 15 Minuten

Beantworten Sie bitte die folgenden Aufgaben, indem Sie jeweils den richtigen Lösungsbuchstaben markieren.

46) Mit welchem Schraubenschlüssel lässt sich die Schraubenmutter am besten festziehen?

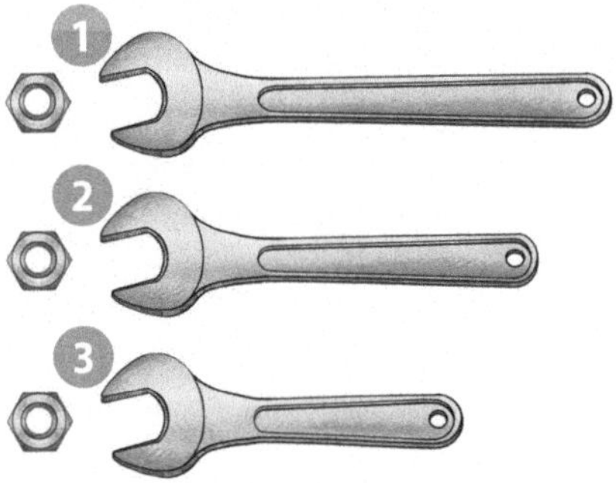

A. Mit Schraubenschlüssel 1
B. Mit Schraubenschlüssel 2
C. Mit Schraubenschlüssel 3
D. Die Schraube lässt sich mit den verschiedenen Schraubenschlüsseln gleich gut festziehen.
E. Keine Antwort ist richtig.

47) Wie hoch ist der Gesamtwiderstand im Stromkreis?

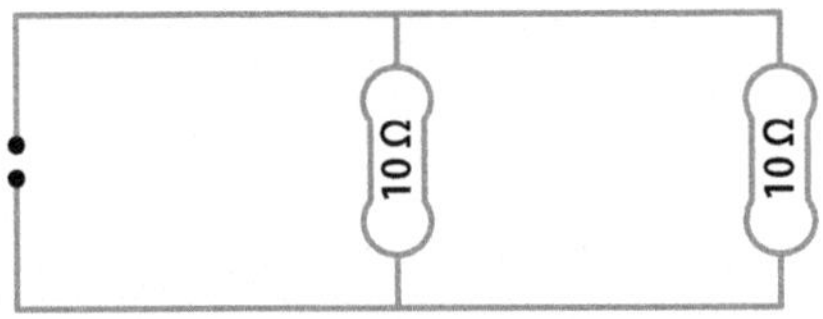

A. 100 Ω
B. 40 Ω
C. 20 Ω
D. 5 Ω
E. Keine Antwort ist richtig.

48) In welche Richtung bewegt sich das große Rad B, wenn sich das Antriebsrad A in Pfeilrichtung dreht?

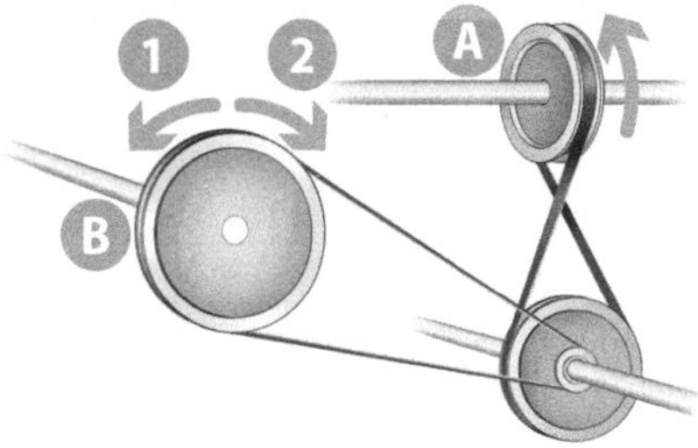

A. In Richtung 1
B. In Richtung 2
C. Hin und her
D. Gar nicht
E. Keine Antwort ist richtig.

49) Auf welches Zahnrad muss der Treibriemen gespannt werden, damit sich die untere Achse schneller dreht als die obere?

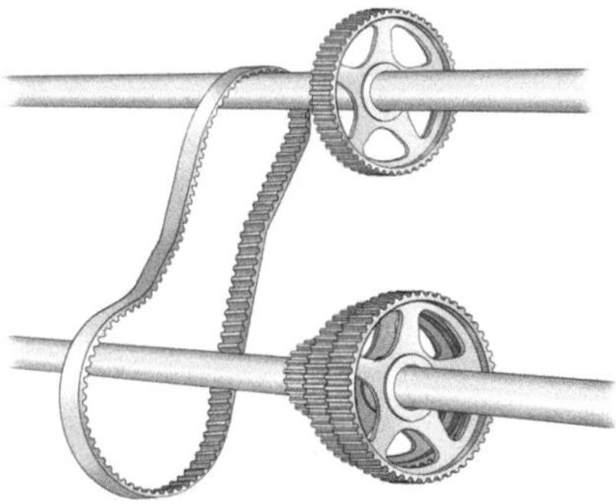

A. Auf das linke Zahnrad
B. Auf das mittlere Zahnrad
C. Auf das rechte Zahnrad
D. Die Geschwindigkeit lässt sich nicht durch die Wahl der Zahnräder ändern.
E. Keine Antwort ist richtig.

50) Welche der Räder drehen sich in die gleiche Richtung wie Rad 1?

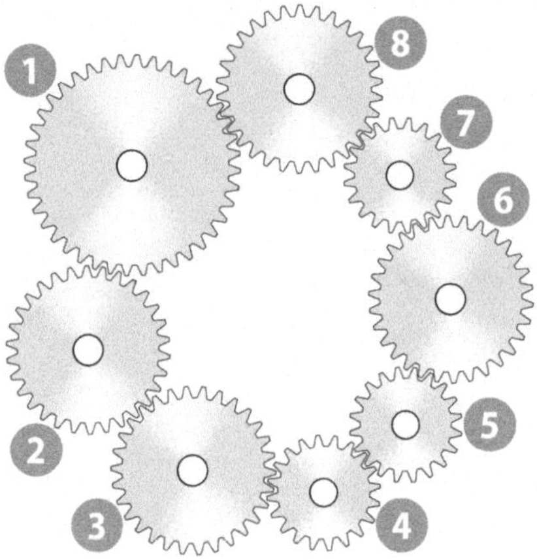

A. 6 und 4
B. 6, 4 und 2
C. 7, 5 und 3
D. 4 und 2
E. Keine Antwort ist richtig.

51) Welche der Vasen 1 bis 4 steht am stabilsten auf dem Tisch?

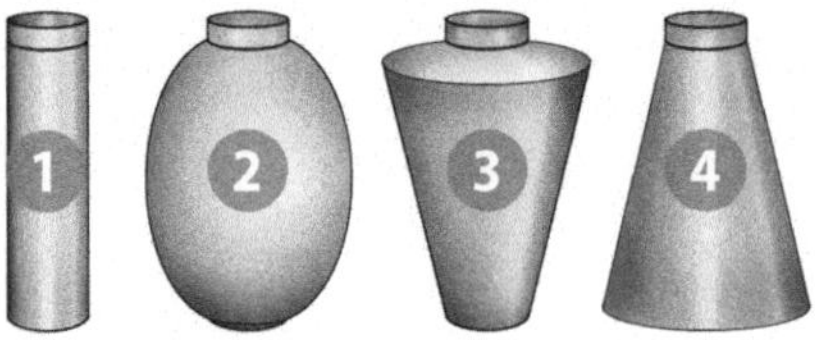

A. Vase 1
B. Vase 2
C. Vase 3
D. Vase 4
E. Keine Antwort ist richtig.

52) In welche Richtung bewegt sich das große Rad, wenn sich das Antriebsrad A in Pfeilrichtung dreht?

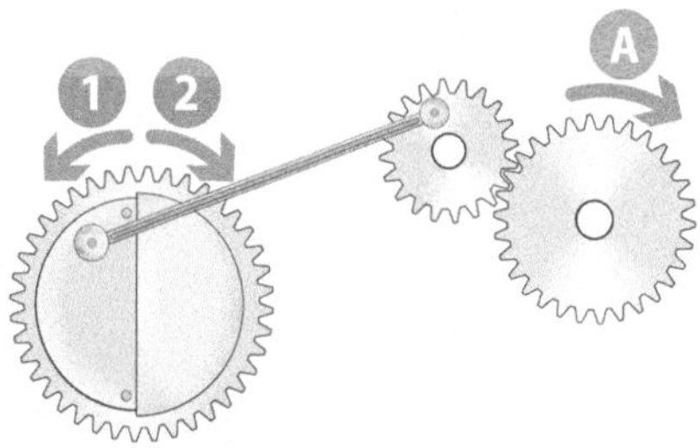

A. In Richtung 1
B. In Richtung 2
C. Hin und her
D. Gar nicht
E. Keine Antwort ist richtig.

53) Welches Rad dreht sich am schnellsten?

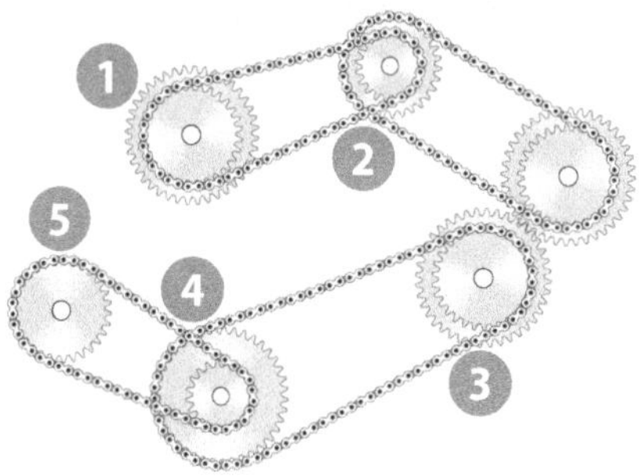

A. Rad 1
B. Rad 2
C. Rad 5
D. Rad 4
E. Keine Antwort ist richtig.

54) Welche der Schalter 1 bis 4 müssen geschlossen werden, damit genau zwei Glühbirnen leuchten?

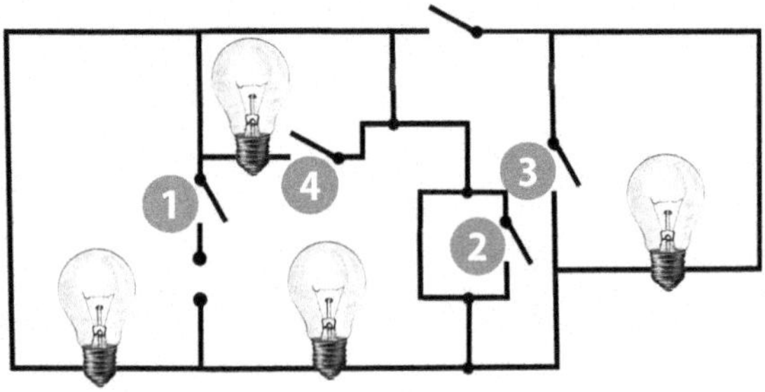

A. Schalter 1 und 2
B. Schalter 1 und 4
C. Schalter 3 und 4
D. Schalter 2 und 4
E. Keine Antwort ist richtig.

55) In welche Richtung bewegt sich das große Rad B, wenn sich das Antriebsrad A in Pfeilrichtung dreht?

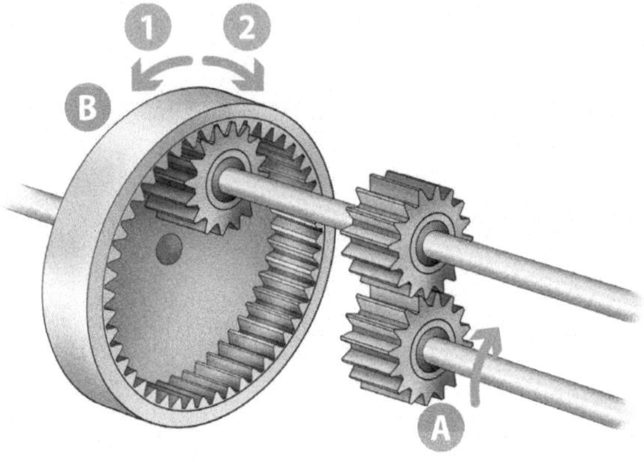

A. In Richtung 1
B. In Richtung 2
C. Hin und her
D. Gar nicht
E. Keine Antwort ist richtig.

56) An zwei unterschiedliche Federsysteme werden identische Stahlkugeln angehängt. Alle Federn sind gleich und können als masselos angenommen werden. Welche Federn werden am schwächsten gedehnt?

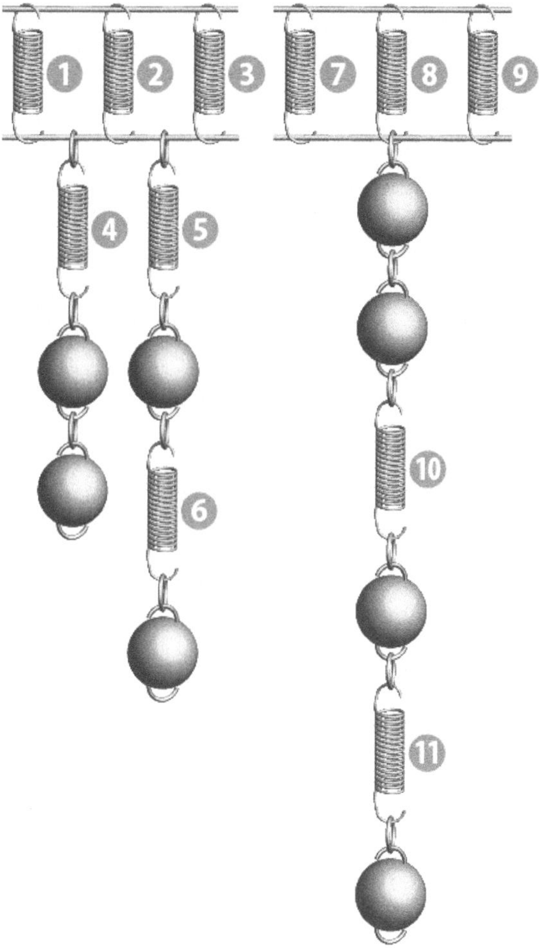

A. Die Federn 1, 2 und 3
B. Die Federn 7, 8 und 9
C. Die Federn 4 und 10
D. Die Federn 6 und 11
E. Keine Antwort ist richtig.

57) An drei unterschiedliche Federsysteme werden identische Stahlkugeln gehängt. Alle Federn sind gleich und können als masselos angenommen werden. In welchem dieser Systeme bewegen sich die Kugeln am weitesten nach unten?

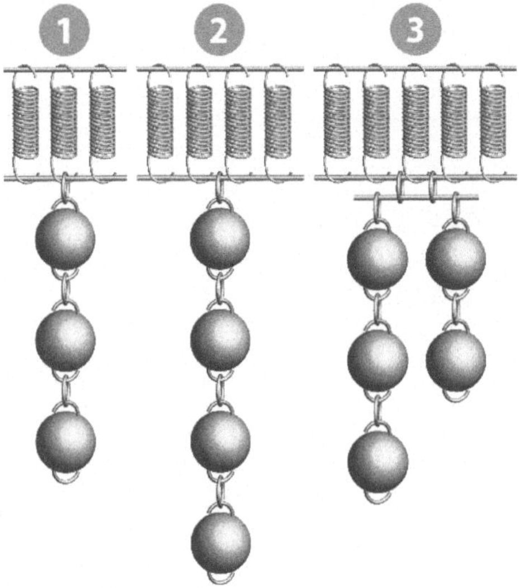

A. System 1
B. System 2
C. System 3
D. Alle Kugeln bewegen sich gleich weit nach unten.
E. Keine Antwort ist richtig.

58) Welche Masse hat das graue Gewicht?

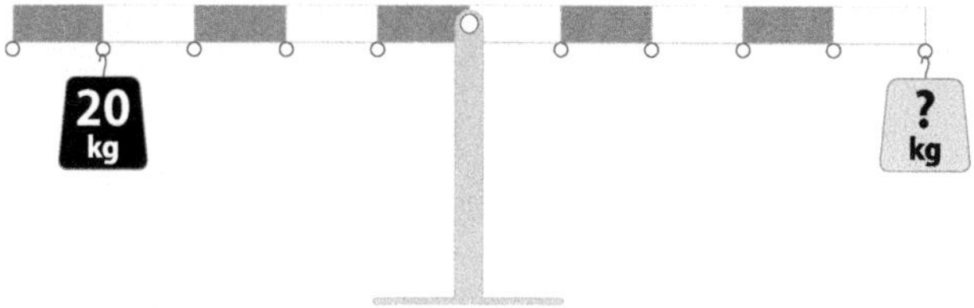

A. 16 Kilogramm
B. 20 Kilogramm
C. 24 Kilogramm
D. 28 Kilogramm
E. Keine Antwort ist richtig.

59) Max will ein Loch in eine Betonwand bohren. Welcher Bohrer eignet sich dafür am besten?

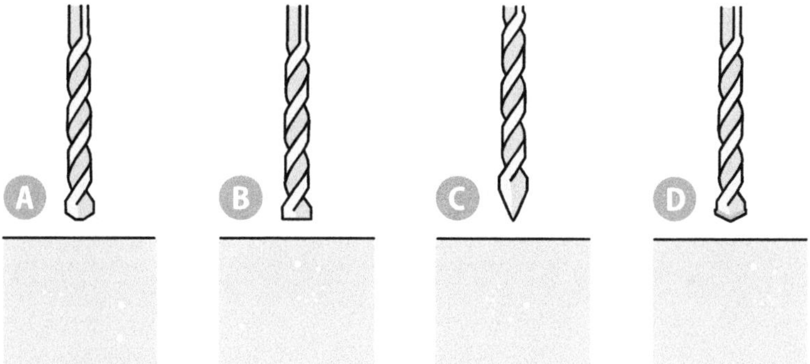

A. Bohrer A
B. Bohrer B
C. Bohrer C
D. Bohrer D
E. Keine Antwort ist richtig.

60) Welcher Staudamm ist am stabilsten?

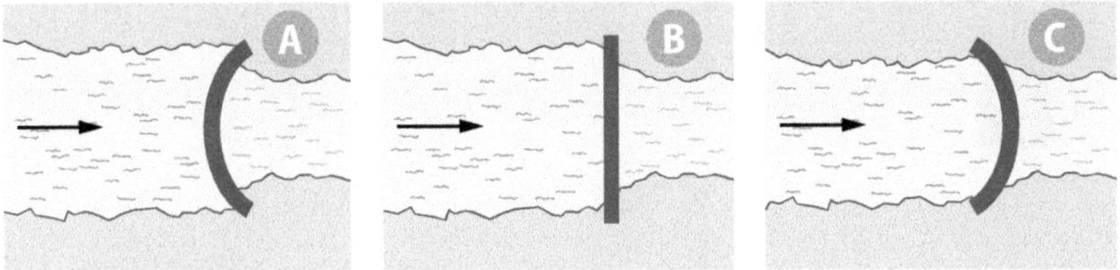

A. Staudamm A

B. Staudamm B

C. Staudamm C

D. Alle Staudämme sind gleich stabil.

E. Keine Antwort ist richtig.

Lösungen: Fachbezogenes Wissen

1) C	21) C	41) B
2) C	22) B	42) D
3) C	23) C	43) A
4) A	24) D	44) D
5) C	25) B	45) B
6) B	26) B	46) A
7) D	27) A	47) D
8) A	28) D	48) B
9) B	29) B	49) A
10) B	30) C	50) C
11) C	31) B	51) D
12) A	32) D	52) C
13) D	33) D	53) B
14) A	34) C	54) A
15) D	35) A	55) A
16) C	36) B	56) D
17) B	37) C	57) D
18) D	38) A	58) A
19) C	39) C	59) D
20) B	40) B	60) A

Technik und Mechanik (Aufgaben 1–15)

Zu 1) C. Metalle können nur fest oder gasförmig sein.

Da Metalle über viele bewegliche Ladungsträger verfügen, eignen sie sich hervorragend als elektrische Leiter. Da auch die thermische Leitfähigkeit – also die Wärmeleitfähigkeit – von Metallen generell gut ist, bestehen beispielsweise Heizkörper meist aus metallischem Material. Durch Pressen, Ziehen, Walzen oder Schmieden sind Metalle darüber hinaus leicht formbar, und werden sie erhitzt, lassen sie sich schmelzen. Dann liegen sie in flüssigem Zustand vor. Eine Ausnahme bildet das Quecksilber, das schon bei Raumtemperatur flüssig ist. Metalle können also nicht nur fest oder gasförmig sein; Antwort C ist falsch.

Zu 2) C. Die Schlagkraft steigt.

Wird der Stiel des Hammers verlängert, ändern sich die Hebelverhältnisse. Je länger der Hebel (= der Stiel) ist, desto größer ist die Kraft, die beim Schlagen mit dem Hammerkopf ausgeübt werden kann.

Zu 3) C. Von der Zahl der freien Elektronen

Die Leitfähigkeit eines Stoffs hängt davon ab, wie viele freie, bewegliche Ladungsträger – bei Metallen sind dies die Elektronen, bei anderen Stoffen können dies auch Ionen sein – darin verfügbar sind. Das leitfähigste Metall und zugleich leitfähigste Element des Periodensystems ist Silber.

Zu 4) A. Bei jeder Umdrehung des Antriebsrads dreht sich das Laufrad zweimal.

Da der Verbindungsriemen gekreuzt wird, wechselt der Drehsinn – Antwort B ist falsch. Auch die Vorschläge C und D scheiden aus: Ein Antriebsriemen bewegt sich mit der gleichen Eigengeschwindigkeit um jedes der mit ihm verbundenen Räder. Verbindet er zwei gleich große Räder, laufen beide gleich schnell. Verbindet er jedoch Räder unterschiedlicher Größe, läuft das kleinere stets schneller um die eigene Achse als das größere: Wenn sich das Antriebsrad mit einem Umfang von zwei Metern einmal um sich dreht, wird auch der Riemen um zwei Meter weiterbewegt. Überträgt er nun diese Bewegung auf ein Rad mit einem Umfang von nur einem Meter, muss dieses Rad folgerichtig zweimal vollständig rotieren. Antwort A stimmt.

Zu 5) C. Die Leuchtstoffröhre

Die Glühbirne setzt einen Großteil der Leistung in Wärme um und wird in Betrieb recht heiß. Die Leuchtstoffröhre bleibt dagegen merklich kälter, sie arbeitet effizienter und setzt die gleiche Leistung in mehr Licht um. In anderen Worten: Ihre Lichtausbeute ist größer. Eine ominöse, wie auch immer zu bestimmende „Stromqualität" spielt keine Rolle.

Zu 6) B. Ja, die Zugkraft halbiert sich.

Fügt man zur ersten noch eine zweite Rolle hinzu, halbiert sich der erforderliche Kraftbetrag, um das Gewicht auf dieselbe Höhe zu ziehen.

Zu 7) D. Verdopplung der Länge beider Waagenarme

Die Verdopplung des Gewichts in Waagschale A verdoppelt die Kraft, die am betreffenden Arm der Waage angreift. Diese Kraft kann nun wiederum auf das Ausgangsniveau reduziert werden, indem man die Distanz von Waagschale A – dem Angriffspunkt der Kraft – zum Drehpunkt der Waage halbiert: Laut den Hebelgesetzen bedeutet ein halb so langer Hebelarm eine halb so große Hebelkraft. Nach dem gleichen Prinzip kann man die am Gegenarm anliegende Kraft verdoppeln, indem man Waagschale B in doppelter Entfernung zum Drehpunkt der Waage befestigt (doppelt so langer Hebelarm, doppelt so große Kraft). Den gewünschten Effekt brächte natürlich auch die Verdopplung des Gewichts auf Waagschale B. Verlängert man beide Waagenarme auf die doppelte Länge, wird dadurch jedoch das Gleichgewicht nicht wieder hergestellt.

Zu 8) **A.** Flansch

Eine lösbare Verbindung zweier Bauteile mithilfe von Schrauben und Muttern ist ein Flansch. Im Maschinenbau flanscht man zum Beispiel Motoren an Getriebe oder Rotorblätter an Windkraftanlagen. Bei der Rohrinstallation verflanscht man Rohrteile, indem man ringförmige Dichtflächen an den Rohrenden aneinanderschraubt. Dadurch wird ein Anpressdruck auf die zwischenliegende Dichtung ausgeübt – je höher der Druck, desto dichter die Verbindung.

Zu 9) **B.** Überflüssiges Material wird von einem Werkstoff abgetragen.

„Spanen" heißt eine DIN-klassifizierte Kategorie von Arbeitsverfahren, bei denen überflüssiges Material in kleinen Stücken (Spänen) abgetragen wird: beispielsweise durch Hobeln, Feilen, Fräsen oder Meißeln. Spanverfahren taugen zur Bearbeitung aller möglichen festen Werkstoffe wie Metall, Holz und Kunststoff. Hat der Prozess trennenden Charakter, spricht man auch von „Zerspanen".

Zu 10) **B.** Kunststoff

Eisen und Aluminium kommen nicht infrage – als Metalle leiten sie elektrischen Strom sehr gut. Keramik ist zwar isolierend und rostet auch nicht, reagiert aber äußerst empfindlich auf Schlag- und Zugbelastungen und lässt sich daher vergleichsweise schwer bearbeiten. Nur Kunststoffe verfügen über jede genannte Eigenschaft.

Zu 11) **C.** Sie sind elastisch.

Allgemein ausgedrückt: Federn sind elastische Elemente, die unter Belastung nachgeben und anschließend in ihre ursprüngliche Form zurückkehren. Je nach Einsatzzweck verwendet man verschiedene Federtypen, von der gewundenen Spiralfeder bis hin zur gebogenen Blattfeder.

Zu 12) A. Galvanisieren

Es handelt sich um die Galvanisierung: Ein Metall bzw. eine Metallverbindung wird in einer chemischen Lösung per Elektrolyse gelöst und legt sich anschließend als schützender Überzug um einen Gegenstand. Durch Galvanisierung oberflächenveredelte Objekte sind nicht mehr rostanfällig.

Zu 13) D. 150 Ω

Die Einheit des elektrischen Widerstands ist das Ohm, abgekürzt durch den griechischen Buchstaben Omega (Ω). „A" steht für „Ampere", die Einheit der Stromstärke, und „V" für „Volt", die Einheit der Spannung. Das griechische Σ (Epsilon) ist das mathematische Summenzeichen.

Zu 14) A. Die Frequenz

In Hertz – nach dem deutschen Physiker Heinrich Hertz (1857–1894) – gibt man die physikalische Größe Frequenz an. Ein Hertz entspricht einer Schwingung pro Sekunde. Die Kapazität wird in Coulomb (C), die Induktivität in Henry (I) beziffert. Die Relativität ist keine klassifizierte physikalische Größe.

Zu 15) D. Reihenstrommotoren

Elektromotoren, die mit Dreiphasen-Wechselstrom betrieben werden, nennt man „Drehstrommotoren". Sie sind robust, vielseitig verwendbar und in der Regel relativ günstig. Gleichstrommotoren treiben unter anderem Scheibenwischer oder Gebläse in Kraftfahrzeugen an, oder industrielle Maschinen und Anlagen. Universalmotoren schließlich können mit Gleich- oder Wechselstrom betrieben werden. Eingesetzt werden sie zum Beispiel im Haushalt (Küchengeräte) oder im Heimwerkerbereich. „Reihenstrommotoren" gibt es nicht.

Maschinen und Anlagen (Aufgaben 16–30)

Zu 16) C. andere Energieformen in mechanische Energie um.

Kraftmaschinen erzeugen aus thermischer oder elektrischer Energie mechanische Energie. Meist dienen sie als Motoren, um Arbeitsgeräte, Werkzeuge oder Fahrzeuge anzutreiben. Das Gegenstück zur Kraftmaschine ist die Arbeitsmaschine: Sie setzt mechanische Energie in (mechanische) Arbeit um.

Zu 17) B. aus Licht Strom.

Photovoltaik ist das Prinzip, Lichtenergie mittels Solarzellen in elektrische Energie umzuwandeln. Den zugrundeliegenden photoelektrischen Effekt entdeckte 1839 der französische Physiker Alexandre Becquerel. Zusammen mit der Windkraft zählt die Photovoltaik heute zu den Stützen der Energiewende weg von fossilen Brennstoffen hin zu erneuerbaren Ressourcen.

Zu 18) D. Sandturbine

Turbinen sind Strömungsmaschinen, die mithilfe rotierender Schaufeln und Wellen die innere Energie von Fluiden (Gasen und Flüssigkeiten) in mechanische Energie umwandeln. Man nutzt sie in Flugzeugen, Schiffen und Kraftwerken. Sandturbinen gibt es nicht – Sand ist kein Fluid.

Zu 19) C. mechanische in elektrische Energie umwandeln.

Ein Generator wandelt mechanische oder kinetische Energie (Bewegungsenergie) in elektrische Energie um. Erscheinungsformen sind z. B. brennstoffbetriebene Notstromaggregate, Stromerzeuger in Wasserkraftwerken oder Fahrrad-Dynamos.

Zu 20) B. Die Drehzahl beträgt 2.800 Umdrehungen pro Minute.

Die Angabe „2.800 U/min" bezieht sich auf die Drehzahl: Läuft die Maschine bei 2.800 U/min, bedeutet das, dass die Motorwelle pro Minute 2.800-mal vollständig rotiert.

Zu 21) C. Gewinde schneiden

Zur präzisen Abstimmung zwischen dem Längsvorschub und der gewollten Drehbewegung besitzen Drehmaschinen neben der Zugspindel oft noch eine Leitspindel, die ein genaues Arbeiten ermöglicht: Sie „leitet" bzw. führt den Meißel beim Schneiden des Gewindes.

Zu 22) B. Durch grundsätzlich geringeren Platzverbrauch

Da sich bei Riemenführungen der Treibriemen unter Belastung ausdehnt, kommt es zum Schlupf: Der Riemen rutscht leicht über die Riemenscheiben. Kettenführungen gewährleisten eine bessere Kraftübertragung und sind unempfindlicher gegen äußere Einflüsse wie etwa hohe Temperaturen. Sie müssen jedoch nicht unbedingt platzsparender sein als Riemenführungen.

Zu 23) C. Geringe Störanfälligkeit

Die industrielle Fließband-Fertigung – perfektioniert von Henry Ford Anfang des 20. Jahrhunderts – ist äußerst effizient: Kurze Transportwege und der hohe Grad an Arbeitsteilung gewährleisten eine sehr ökonomische, schnelle Produktion. Allerdings ist die Fließbandfertigung sehr störanfällig: Hakt es bei einem Produktionsschritt, steht unter Umständen das ganze Band still.

Zu 24) D. CNC-Maschinen.

Werkzeugmaschinen mit Computersteuerung nennt man auch „CNC-Maschinen" – „CNC" steht für „Computerized Numerical Control" („computergestützte numerische Steuerung"). CNC-Maschinen erledigen Arbeitsgänge wie Fräsen, Bohren oder Schleifen auf Knopfdruck, automatisiert und hochpräzise.

Zu 25) B. Durch Flüssigkeit

Allgemein bezeichnet „Hydraulik" die Lehre vom Strömungsverhalten flüssiger Stoffe. Hydraulische Anlagen – z. B. Bagger, Krane, Werkzeugmaschinen – nutzen das Prinzip der Kraft- bzw. Energieübertragung mittels Flüssigkeiten. Verwendet man stattdessen Druckluft (oder andere Gase), handelt es sich um pneumatisches Gerät.

Zu 26) B. Ein besonders dünnflüssiges Öl

Dickflüssiges (viskoses) Öl bildet zwar einen vergleichsweise stabileren Schmierfilm, gelangt aber kaum an schwer zugängliche, enge Stellen. Nur ein dünnflüssiges Öl ist fließfähig (fluid) genug, um auch dorthin vorzudringen. Schnell trocknende Öle sind als Schmiermittel grundsätzlich ungeeignet.

Zu 27) A. Not-Aus-Schalter bestehen aus einem roten Betätigungselement auf gelbem Grund.

Not-Aus-Schalter sind unentbehrliche Instrumente der Arbeitssicherheit. Im Notfall kann man damit Produktionsabläufe sofort unterbrechen, um Personen- oder Materialschäden abzuwenden. Not-Aus-Schalter gibt es je nach Einsatzfeld in verschiedensten Ausführungen – vom Taster oder Knopf bis hin zum Drehschalter. Gemeinsames Erkennungsmerkmal: ein rotes Bedienelement auf gelbem Grund.

Zu 28) D. die Motorspindel.

Antwort D stimmt: Eine wichtige Baugruppe moderner Werkzeugmaschinen ist die Motorspindel, auch „Hauptspindel" oder „Werkzeugspindel" genannt. Darunter versteht man eine Welle mit integrierter Werkzeugschnittstelle, die direkt an den Antrieb gekoppelt ist. Diese Bauweise erlaubt eine präzise Werkstück-Bearbeitung bei hoher Drehgeschwindigkeit. Man unterscheidet in werkzeugtragende (z. B. Bohr- und Schleifmaschinen) und werkstücktragende Motorspindeln (u. a. Drehmaschinen).

Zu 29) B. Eine aus mehreren Einzelteilen zusammengesetzte Komponente einer (elektro-)technischen Anlage

Baugruppen sind aus mehreren Komponenten zusammengesetzte Teilmodule (elektro-)technischer Anlagen. Eine einzelne Baugruppe ist für sich noch nicht einsatzreif; erst im Verbund mit weiteren Baugruppen oder Geräten entsteht ein funktionsfähiges Ganzes. Vorteile der Modularisierung im Anlagen- und Maschinenbau sind die einfache Herstellung und die leichtere Wartung – bei Defekten an der Anlage genügt es, die fehlerhafte(n) Baugruppe(n) auszutauschen.

Zu 30) C. Ein elektromagnetischer Schalter

Ein Relais ist ein strombetriebener, meist elektromagnetisch funktionierender Schalter. Er besteht aus zwei Stromkreisen: Schließt man den Steuerstromkreis, zieht ein Elektromagnet an einem Schalter, der wiederum den Laststromkreis schließt.

Arbeitssicherheit (Aufgaben 31–45)

Zu 31) B. Magnetfelder

Dieses Piktogramm warnt vor einem magnetischen Feld. Warnzeichen kennzeichnen Hindernisse und Gefahrstellen; ihr Aussehen und ihre Anbringung werden in Deutschland durch die Unfallverhütungsvorschrift der Berufsgenossenschaften geregelt.

Zu 32) D. Gefährliche elektrische Spannung

Dieses Piktogramm warnt vor gefährlicher elektrischer Spannung. Warnzeichen kennzeichnen Hindernisse und Gefahrstellen; ihr Aussehen und ihre Anbringung werden in Deutschland durch die Unfallverhütungsvorschrift der Berufsgenossenschaften geregelt.

Zu 33) D. Explosionsgefährlicher Stoff

Dieses Piktogramm ist ein Gefahrstoffsymbol und kennzeichnet explosionsgefährliche Stoffe, die besonders vorsichtig gehandhabt werden müssen. Die Kennzeichnung von Gefahrstoffen wird in Deutschland durch die Gefahrstoffverordnung geregelt und ist mittlerweile europaweit standardisiert.

Zu 34) C. Durchgang für Unbefugte untersagt

Dieses Piktogramm ist ein Verbotszeichen, das Unbefugten den Zutritt auf das gekennzeichnete Areal verbietet. Verbotszeichen richten sich in Deutschland nach der Unfallverhütungsvorschrift der Berufsgenossenschaften.

Zu 35) A. Erste Hilfe

Dieses Piktogramm ist ein Rettungszeichen und markiert den Standort eines Erste Hilfe-Kastens bzw. einer anderen Station zur Versorgung im Rahmen der Ersten Hilfe. Rettungszeichen richten sich in Deutschland nach der Unfallverhütungsvorschrift der Berufsgenossenschaften.

Zu 36) B. Feuerlöscher

Dieses Piktogramm ist ein Brandschutzzeichen und markiert den Standort eines Feuerlöschers. Brandschutzzeichen richten sich in Deutschland nach der Verordnung für Brandschutz und Gefahrenzeichen.

Zu 37) C. Rutschgefahr

Dieses Piktogramm warnt vor Rutschgefahr. Warnzeichen kennzeichnen Hindernisse und Gefahrstellen; ihr Aussehen und ihre Anbringung werden in Deutschland durch die Unfallverhütungsvorschrift der Berufsgenossenschaften geregelt.

Zu 38) A. Radioaktivität

Dieses Piktogramm warnt vor radioaktiver Strahlung. Warnzeichen kennzeichnen Hindernisse und Gefahrstellen; ihr Aussehen und ihre Anbringung werden in Deutschland durch die Unfallverhütungsvorschrift der Berufsgenossenschaften geregelt.

Zu 39) C. Giftiger Stoff

Dieses Piktogramm ist ein Gefahrstoffsymbol. Mit einem Totenkopf weist es auf giftige oder sogar sehr giftige Stoffe hin, die nicht mit dem Körper in Kontakt kommen dürfen. Die Kennzeichnung von Gefahrstoffen wird in Deutschland durch die Gefahrstoffverordnung geregelt und ist mittlerweile europaweit standardisiert.

Zu 40) B. Gehörschutz tragen

Dieses Piktogramm ist ein Gebotszeichen, das zum Tragen eines Gehörschutzes auffordert. Gebotszeichen dienen allgemein zur Unfallverhütung und zum Gesundheitsschutz und richten sich nach der Unfallverhütungsvorschrift der Berufsgenossenschaften.

Zu 41) **B.** Notruftelefon

Dieses Piktogramm ist ein Rettungszeichen und markiert den Standort eines Notruftelefons. Rettungszeichen richten sich in Deutschland nach der Unfallverhütungsvorschrift der Berufsgenossenschaften.

Zu 42) **D.** Festes Schuhwerk tragen

Dieses Piktogramm ist ein Gebotszeichen, das zum Tragen von speziellen, festen Schutzschuhen auffordert. Gebotszeichen dienen allgemein zur Unfallverhütung und zum Gesundheitsschutz und richten sich nach der Unfallverhütungsvorschrift der Berufsgenossenschaften.

Zu 43) **A.** Verbot von offenem Feuer

Dieses Piktogramm ist ein Verbotszeichen, das das Entfachen eines offenen Feuers verbietet. Verbotszeichen richten sich in Deutschland nach der Unfallverhütungsvorschrift der Berufsgenossenschaften.

Zu 44) **D.** Laserstrahlung

Dieses Piktogramm warnt vor Laserstrahlung. Warnzeichen kennzeichnen Hindernisse und Gefahrstellen; ihr Aussehen und ihre Anbringung werden in Deutschland durch die Unfallverhütungsvorschrift der Berufsgenossenschaften geregelt.

Zu 45) **B.** Gesichtsschutz benutzen

Dieses Piktogramm ist ein Gebotszeichen, das zum Tragen eines Gesichtsschutzes auffordert. Gebotszeichen dienen allgemein zur Unfallverhütung und zum Gesundheitsschutz und richten sich nach der Unfallverhütungsvorschrift der Berufsgenossenschaften.

Praktisches Verständnis (Aufgaben 46–60)

Zu 46) **A.** Mit Schraubenschlüssel 1

Um die Schraubenmutter mit möglichst wenig Mühe festzuziehen, benötigt man einen Schraubenschlüssel mit einer großen Hebelwirkung. Das heißt: Der Griff des Schraubenschlüssels sollte so lang wie möglich sein. Schraubenschlüssel 1 ist demnach der geeignetste.

Zu 47) **D.** 5 Ω

Abgebildet ist der Schaltkreis einer Parallelschaltung, bei der sich der Gesamtwiderstand wie folgt berechnet:

$$\frac{1}{R_{gesamt}} = \frac{1}{R_1} + \frac{1}{R_2} = \frac{1}{10\,\Omega} + \frac{1}{10\,\Omega}$$

$$= \frac{2}{10\,\Omega} = \frac{1}{5\,\Omega}$$

$R_{gesamt} = 5\,\Omega$

Der Gesamtwiderstand beträgt 5 Ohm.

Zu 48) B. In Richtung 2

Werden zwei Räder durch Riemen verbunden, drehen sie sich in derselben Richtung. Anders jedoch, wenn ein Riemen gekreuzt wird – dann kommt es zu einem Wechsel des Drehsinns. Rotiert das Antriebsrad in Pfeilrichtung gegen den Uhrzeigersinn, bewegt sich das Rad darunter also im Uhrzeigersinn, ebenso wie das große Rad.

Zu 49) A. Auf das linke Zahnrad

Ein Antriebsriemen bewegt sich mit der gleichen Eigengeschwindigkeit um jedes der mit ihm verbundenen Antriebsräder. Verbindet er zwei gleich große Räder, laufen beide gleich schnell. Verbindet er jedoch Räder unterschiedlicher Größe, läuft das kleinere stets schneller um die eigene Achse als das größere: Wenn sich beispielsweise ein Rad mit einem Umfang von einem Meter einmal dreht, wird auch der Riemen um einen Meter weiterbewegt. Überträgt er nun diese Bewegung auf ein Rad mit einem Umfang von nur einem halben Meter, muss dieses Rad folgerichtig zweimal vollständig rotieren. Damit sich die untere Achse schneller dreht, muss demnach das kleine Zahnrad links gewählt werden.

Zu 50) C. 7, 5 und 3

Wenn ein Zahnrad in ein zweites greift und seine Rotation dadurch überträgt, dann dreht sich das zweite Rad im entgegengesetzten Drehsinn. Überträgt das zweite Zahnrad seine Rotation wiederum auf ein drittes, bewegt sich dieses entgegengesetzt zum zweiten, also in der gleichen Drehrichtung wie das erste. Anders ausgedrückt: In einer Kette miteinander verbundener Zahnräder rotieren immer die jeweils übernächsten in derselben Drehrichtung. In die gleiche Richtung wie Rad 1 drehen sich demnach die Räder 3, 5 und 7.

Zu 51) D. Vase 4

Die Stabilität der Gefäße hängt ab von ihrem jeweiligen Schwerpunkt und ihrer Standfläche: Ideal ist eine große Fläche bei tief sitzendem Schwerpunkt. Vase 4 erfüllt diese Bedingungen am besten, denn ihre Masse sitzt größtenteils im unteren Bereich und ihr Boden ist sehr breit.

Zu 52) C. Hin und her

Dreht sich das Antriebsrad in Pfeilrichtung, dann rotiert das Rad links davon in entgegengesetzter Richtung. Dies ist jedoch in dieser Aufgabe nicht wirklich von Bedeutung: Über die Pleuelstange am Rad unterhalb des Antriebsrads wird sowieso keine Kreisbewegung, sondern nur eine auf-/ab- bzw. links-/rechts-Bewegung an das große Rad weitergegeben. Pro Umdrehung des Antriebsrads zieht nun die Pleuelstange das große Rad einmal etwas nach rechts, bevor sie es daraufhin wieder leicht nach links schiebt – das große Rad bewegt sich also hin und her.

Zu 53) B. Rad 2

Eine Antriebskette bewegt sich mit der gleichen Eigengeschwindigkeit um jedes der mit ihr verbundenen Zahnräder. Verbindet sie zwei gleich große Räder, laufen beide gleich schnell. Verbindet sie jedoch Räder unterschiedlicher Größe, läuft das kleinere stets schneller um die eigene Achse als das größere: Wenn sich beispielsweise ein Rad mit einem Umfang von einem Meter einmal dreht, wird auch die Kette um einen Meter weiterbewegt. Überträgt sie nun diese Bewegung auf ein Rad mit einem Umfang von nur einem halben Meter, muss dieses Rad folgerichtig zweimal vollständig rotieren. Zusätzlich gilt: Ist ein Zahnrad starr an einem weiteren Zahnrad befestigt (wie z. B. Rad 2), bewegen sich beide in gleichen Zeiten um die eigene Achse, ihre Umdrehungsfrequenz ist also gleich.

Einen Größenunterschied findet man in der Skizze zunächst zwischen Rad 1 und Rad 2, das sich demnach schneller dreht. Da Rad 2 an einem größeren Rad befestigt ist, besitzen beide die gleiche Umdrehungsfrequenz. Darin entsprechen sie dem äußerst rechten Zahnrad, dem Rad, an dem Rad 3 befestigt ist, und schließlich auch Rad 3 selbst. Von Rad 3 nach 4 nimmt die Geschwindigkeit durch den Größenunterschied allerdings ab, und ebenfalls von 4 nach 5. Somit dreht sich von den angegebenen Möglichkeiten Rad 2 am schnellsten.

Zu 54) A. Schalter 1 und 2

Damit eine Lampe leuchten kann, muss sie sich in einem geschlossenen Stromkreis befinden. Um einen Stromkreis zu schließen, muss eine durchgängige Verbindung von und zu der durch zwei schwarze Punkte symbolisierten Spannungsquelle hergestellt werden. Sollen nun genau zwei Glühbirnen leuchten, dürfen sich demnach die übrigen Birnen nicht in einem geschlossenen Stromkreis befinden. Dieser Zustand ergibt sich, wenn die Schalter 1 und 2 geschlossen werden.

Zu 55) A. In Richtung 1

Wenn sich das Antriebsrad in Pfeilrichtung dreht, rotiert das Zahnrad darüber gegen den Uhrzeigersinn, und mit ihm das zweite Zahnrad auf der oberen Achse. Diese Drehrichtung wird auch auf das große Rad übertragen, das sich folglich in Richtung 1 dreht.

Zu 56) D. Die Federn 6 und 11

Wie stark eine Feder durch das Anhängen einer Last ausgelenkt („gedehnt") wird, bestimmt sich durch die angehängte Masse und die rücktreibende Kraft der Feder, die sogenannte „Federkonstante". Da alle Federn identisch sind und dieselbe rücktreibende Kraft besitzen, hängen Unterschiede in ihrer Auslenkung nur von der jeweils anliegenden Masse ab.

Wenn Federn „in Reihe" aneinander gehängt werden, liegt an jeder Feder die gesamte Last der angehängten Stahlkugeln an. Nehmen mehrere parallel gehängte Federn die Last einer angehängten Masse auf, verteilt sich die Gewichtskraft der Last und die Auslenkung dieser Federn ist geringer.

Auf die Federn 1 bis 3 verteilt sich die Last von insgesamt vier Kugeln, an den Federn 7, 8 und 9 zerren ebenfalls vier Kugeln und an den Federn 4, 5 und 10 sind jeweils zwei Kugeln angehängt. Die Federn 6 und 11 werden jedoch nur durch die Kraft von jeweils einer Kugel gedehnt.

Zu 57) D. Alle Kugeln bewegen sich gleich weit nach unten.

Wie stark eine Feder durch das Anhängen einer Last ausgelenkt („gedehnt") wird, bestimmt sich durch die angehängte Masse und die rücktreibende Kraft der Feder, die sogenannte „Federkonstante". Da alle Federn identisch sind und dieselbe rücktreibende Kraft besitzen, hängen Unterschiede in ihrer Auslenkung nur von der jeweils angehängten Masse ab.

Nehmen mehrere parallel gehängte Federn die Last einer angehängten Masse auf, verteilt sich die Gewichtskraft der Last und die Auslenkung der Federn ist geringer. Da im skizzierten Aufbau aber auch die Zahl der Stahlkugeln steigt – und somit in jedem System auf jede Feder stets eine Stahlkugel kommt – ist die an jeder einzelnen Feder zerrende Kraft gleich groß. Alle Federn werden gleich stark gedehnt, alle Kugeln bewegen sich gleich weit nach unten.

Zu 58) A. 16 Kilogramm

Wenn sich die Waage im Gleichgewicht befindet, gleichen sich die Hebelkräfte (das Drehmoment) beider Gewichte aus. Das bedeutet: Obwohl der linke Hebelarm um ein Fünftel kürzer ist als der rechte – das schwarze Gewicht ist bei vier Fünfteln des linken Waagenarms befestigt, das graue am Ende des rechten Arms –, stimmen die Produkte aus Hebelarmlänge und Gewichtskraft überein. Das graue Gewicht muss dementsprechend um ein Fünftel leichter sein und wiegt 16 Kilogramm.

Zu 59) D. Bohrer D

Zum Bearbeiten von Beton eignet sich Bohrer D mit der typischen keilförmigen Spitze. Bohrer C fehlt vorne die Spirale zum Abtransport des abgetragenen Materials, Bohrer A hat eine abgeflachte Spitze und Bohrer B überhaupt keine – alles nicht besonders zweckmäßig.

Zu 60) A. Staudamm A

Staudamm A wölbt sich dem Wasser bogenförmig entgegen – so werden die auftretenden Kräfte an die umgebenden Hänge abgegeben. Staudamm B stellt dem Wasser nur sein Eigengewicht entgegen, und Staudamm C leitet die Kräfte nicht etwa ab, sondern bündelt sie sogar noch gegen das Zentrum des Bauwerks.

Sprachbeherrschung

Welche Schreibweise stimmt? *Bearbeitungszeit 5 Minuten*

Dieser Abschnitt prüft Ihre Rechtschreibkenntnisse.

Wie wird das Wort richtig geschrieben? Beantworten Sie bitte die folgenden Aufgaben, indem Sie jeweils den Lösungsbuchstaben der richtigen Schreibweise markieren.

1)

A. Publikum
B. Puplikum
C. Publikumm
D. Pupplikum
E. Keine Antwort ist richtig.

2)

A. Hydraulick
B. Hüdraulick
C. Hüdraulik
D. Hydraulik
E. Keine Antwort ist richtig.

3)

A. Ventilatohr
B. Wentilator
C. Ventilator
D. Wentilatohr
E. Keine Antwort ist richtig.

4)

A. Akademi
B. Ackademie
C. Akademie
D. Akardemie
E. Keine Antwort ist richtig.

5)

A. Amateurfotograf
B. Amatörfotograf
C. Amateurfotograff
D. Amateurfotograph
E. Keine Antwort ist richtig.

6)

A. Reinland-Falz
B. Rheinland-Falz
C. Rheinland-Pfalz
D. Reinland-Pfalz
E. Keine Antwort ist richtig.

7)

A. Registrierkasse
B. Registrirkasse
C. Registrierkaße
D. Registierkasse
E. Keine Antwort ist richtig.

8)

A. Vehicel
B. Wehikel
C. Vehikel
D. Veehikel
E. Keine Antwort ist richtig.

9)

A. Rifalität
B. Rivalität
C. Rifallität
D. Rivallität
E. Keine Antwort ist richtig.

10)

A. Haluzination
B. Halluszination
C. Hallutzination
D. Halluzination
E. Keine Antwort ist richtig.

Rechtschreibung: Lückentext *Bearbeitungszeit 3 Minuten*

Welcher Vorschlag füllt die Lücke fehlerfrei? Bitte tragen Sie jeweils die richtige Lösung ein.

11) paar | Paar

Ich hätte gern ein ________

Brötchen.

12) numeriert | nummeriert

Wir haben alle Teile

____________________.

13) symphatisch | sympathisch

Sie waren sich einfach nicht

____________________.

14) schuld | Schuld

Du bist ____________, dass wir

nicht fertig geworden sind!

15) Greuel | Gräuel

Spinnen sind ihr ein ____________.

16) todkrank | totkrank

Der Opa ist ______________.

17) zuzusehen | zu zu sehen

Hilf lieber mit, anstatt nur

____________________!

18) zuende | zu Ende

Endlich habe ich das Buch

______________ gelesen.

19) dunkelrot | dunkel rot

Mein Lieblingssofa ist

____________________.

20) anhand | an Hand

Sie wird ______________ der Statistiken entscheiden.

Groß- und Kleinschreibung *Bearbeitungszeit 5 Minuten*

Groß oder klein – welche Schreibweise stimmt? Beantworten Sie bitte die folgenden Aufgaben, indem Sie jeweils den Lösungsbuchstaben des richtig geschriebenen Satzes markieren.

21)

A. Es wurde über die Vereinigten Arabischen Emirate debattiert.
B. Es wurde über die vereinigten Arabischen Emirate debattiert.
C. Es wurde über die vereinigten arabischen Emirate debattiert.
D. Es wurde über die Vereinigten arabischen Emirate debattiert.
E. Keine Antwort ist richtig.

22)

A. Das wandern ist des Müllers Lust.
B. Das Wandern ist des Müllers Lust.
C. Das Wandern ist des Müllers lust.
D. Das wandern ist des Müllers lust.
E. Keine Antwort ist richtig.

23)

A. Sie hat Drei Zweier im Zeugnis.
B. Sie hat drei Zweier im Zeugnis.
C. Sie hat Drei zweier im Zeugnis.
D. Sie hat drei zweier im Zeugnis.
E. Keine Antwort ist richtig.

24)

A. Unsere jüngste ist auch schon fünf Jahre alt.
B. Unsere Jüngste ist auch schon fünf Jahre alt.
C. Unsere jüngste ist auch schon Fünf Jahre alt.
D. Unsere Jüngste ist auch schon Fünf Jahre alt.
E. Keine Antwort ist richtig.

25)

A. Sie war bei Jung und Alt gleichermaßen beliebt.
B. Sie war bei jung und alt gleichermaßen beliebt.
C. Sie war bei jung und Alt gleichermaßen beliebt.
D. Sie war bei Jung und alt gleichermaßen beliebt.
E. Keine Antwort ist richtig.

26)

A. Er mag gerne Rad fahren.
B. Er mag gerne radfahren.
C. Er mag gerne rad fahren.
D. Er mag gerne Radfahren.
E. Keine Antwort ist richtig.

27)

A. Sie stimmt dir im Allgemeinen zu.
B. Sie stimmt Dir im allgemeinen zu.
C. Sie stimmt dir im allgemeinen zu.
D. Sie stimmt Dir im Allgemeinen zu.
E. Keine Antwort ist richtig.

28)

A. Wir haben uns für heute abend verabredet.
B. Wir haben uns für heute Abend verabredet.
C. Wir haben uns für Heute abend verabredet.
D. Wir haben uns für Heute Abend verabredet.
E. Keine Antwort ist richtig.

29)

A. Er möchte folgendes anmerken.
B. Er möchte Folgendes anmerken.
C. Er möchte folgendes Anmerken.
D. Er möchte Folgendes Anmerken.
E. Keine Antwort ist richtig.

30)

A. Damit hat er vollkommen Recht!
B. Damit hat er vollkommen recht!
C. Damit hat Er vollkommen Recht!
D. Damit hat Er vollkommen recht!
E. Keine Antwort ist richtig.

Konjunktionen

Bearbeitungszeit 5 Minuten

Welche Konjunktion füllt die Lücke sinnvoll? Bitte tragen Sie die jeweils richtige Lösung ein.

31) obwohl, weil, falls, zumal, indem

Trotz des schönen Wetters bekam Paul eine Erkältung.

Paul hat sich erkältet,

____________________ das Wetter

schön war.

32) So, Ob, Als, Wie, Aber

Er fährt seit Jahren Lkw. Der Unfall hätte ihm daher nicht passieren dürfen.

____________________ erfahrenem

Lkw-Fahrer hätte Herrn Zenker der

Unfall nicht passieren dürfen.

33) dabei, sondern auch, aber, also, und

Opa Franz ist witzig. Schlau ist er noch dazu.

Opa Franz ist nicht nur witzig,

____________________ schlau.

34) und, oder, aber, schließlich, doch

Bernd war vor einem Jahr in Australien. Vor zwei Jahren war er in Vietnam. Vor drei Jahren hat er ein Praktikum in Südafrika gemacht.

Bernd war schon in Australien, in Vietnam ____________________ in Südafrika.

35) denn, während, wobei, als, nachdem

Seit ihrem Fahrradunfall vor einer Woche hat Corinna eine dicke Beule am Knie.

Corinna hat eine Beule am Knie,

____________________ sie einen Fahrradunfall hatte.

36) obwohl, dafür, statt, doch, oder

Michael hat vielleicht ein großes Auto. Ich habe dafür ein schnelles Motorrad.

Michael hat vielleicht ein großes Auto, ____________________ ich habe ein schnelles Motorrad.

37) ob, auch, oder, wie, als

Der eine Weg führt nach links, der andere nach rechts. Einen von beiden müssen wir nehmen.

Wir können nur nach links ____________________ nach rechts gehen.

38) indem, obwohl, wenn, falls, damit

Mit dem Ticketkauf im Internet sparte Anna Zeit und Geld – so konnte sie zwei Fliegen mit einer Klappe schlagen.

Anna schlug zwei Fliegen mit einer Klappe, ____________________ sie die Tickets im Internet kaufte.

39) anstatt, folglich, sondern, indes, oder

Ich habe gestern im Büro nicht meinen Schirm vergessen. Ich habe meinen Hut vergessen.

Gestern im Büro habe ich nicht meinen Schirm, ____________________ meinen Hut vergessen.

40) bevor, nachdem, während, wie, dabei

Im Einsatz kann ich doch nicht privat telefonieren!

Ich kann doch nicht privat telefonieren, ____________________ ich im Einsatz bin!

Konjugieren und deklinieren *Bearbeitungszeit 10 Minuten*

Zu jeder Aufgabe erhalten Sie ein Wort oder eine Wortgruppe. Ihre Aufgabe lautet, die Begriffe in die richtige grammatische Form zu bringen, um den Aufgabensatz zu vervollständigen.

Hierzu ein Beispiel

Aufgabe

1) ein langer Weg

Er hat ____________________ hinter sich.

Antwort

Er hat einen langen Weg hinter sich.

Die Wortgruppe „ein langer Weg" ist in den Akkusativ zu setzen, damit sich ein grammatisch korrekter Satz ergibt.

Bitte beginnen Sie jetzt mit den Aufgaben: Schreiben Sie den vorgegebenen Ausdruck in der richtigen grammatischen Form in die Lücke.

41) der Stuhl | der Schrank

Sie stand auf ________________

und versuchte, einen Karton auf

____________________ zu

schieben.

42) deine schnelle Hilfe

Dank ________________________

___________ geht es mir schon

wieder viel besser.

43) die meisten Menschen

____

______ fällt es schwer, auf Süßigkeiten zu verzichten.

44) ein derartiger Fehler

Ich verstehe nicht, wie __________

________________________ so

lange unbemerkt bleiben konnte!

45) ihre fehlenden Sprachkenntnisse

Wegen ____________________

____________________ besuchte sie einen Englischkurs.

46) schlechte Planung

Trotz ____________________

______ wurde die Veranstaltung letztlich ein Erfolg.

47) unser umtriebiger Cousin

Ohne ____________________

______________ hätte der Zirkusbesuch nicht stattgefunden.

48) die Kollegen

Er hat sich gegenüber __________

_________ immer einwandfrei verhalten.

49) ihre beschwichtigenden Worte

Trotz ____________________

____________________ war er zutiefst empört.

50) diese Umstände

Unter ____________________

sollten wir möglichst schnell handeln.

51) aufhängen

Sie hat noch schnell die frische Wäsche zum Trocknen

________________.

52) sich

Wir haben ________ schon gefragt, wo du steckst!

53) sehen

Nachdem er die Wohnung

_________, unterschrieb er begeistert den Mietvertrag.

54) sein

Wenn er sich jetzt sehen könnte,

__________ er peinlich berührt.

55) geeignetes Werkzeug

Mangels ______________________________

__________ konnte er die Reparatur

nicht durchführen.

Grammatik: Kurze Sätze

Bearbeitungszeit 5 Minuten

Nun stehen Ihre Grammatikkenntnisse auf dem Prüfstand.

Beantworten Sie bitte die folgenden Aufgaben, indem Sie jeweils den Lösungsbuchstaben des richtig formulierten Satzes markieren.

56)

A. Statt zu verreisen, blieb ich lieber zu Hause.
B. Statt zu verreisen, bleibte ich lieber zu Hause.
C. Statt zu verreisen, bin ich lieber zu Hause gebleibt.
D. Statt zu verreisen, habe ich lieber zu Hause geblieben.
E. Keine Antwort ist richtig.

57)

A. Nach einen ausgedehnten Spaziergang sitzte sie sich erst einmal hin.
B. Nach einem ausgedehnten Spaziergang saß sie sich erst einmal hin.
C. Nach einem ausgedehnten Spaziergang setzte sie sich erst einmal hin.
D. Nach einen ausgedehnten Spaziergang setzt sie sich erst einmal hin.
E. Keine Antwort ist richtig.

58)

A. Als ich im Herbst nach Hause kommte, fielen schon die Blätter von den Bäumen.
B. Als ich im Herbst nach Hause kam, fällten schon die Blätter von den Bäumen.
C. Als ich im Herbst nach Hause gekommen bin, sind schon die Blätter von den Bäumen gefallt.
D. Als ich im Herbst nach Hause kam, fielen schon die Blätter von den Bäumen.
E. Keine Antwort ist richtig.

59)

A. Ich freue mich, unser neue Kollege begrüßen zu dürfen.
B. Ich freue mich, unseren neuen Kollegen begrüßen zu dürfen.
C. Ich freue mich, unserem neuen Kollegen begrüßen zu dürfen.
D. Ich freue mich, unseren neuen Kollegen zu begrüßen zu dürfen.
E. Keine Antwort ist richtig.

60)

A. Hättest du geschwiegen gehabt, würde die Angelegenheit glimpflicher ausgegangen sein.
B. Hast du geschwiegen, wäre die Angelegenheit glimpflicher ausgegangen.
C. Hättest du geschwiegen, ist die Angelegenheit glimpflicher ausgegangen.
D. Hättest du geschwiegen, wäre die Angelegenheit glimpflicher ausgegangen.
E. Keine Antwort ist richtig.

61)

A. Angesichts ihrer Qualitäten dürfte ihr die Aufgabe nicht schwerfallen.
B. Angesichts ihren Qualitäten dürfte ihr die Aufgabe nicht schwerfallen.
C. Angesichts ihrer Qualitäten dürfte ihr die Aufgabe nicht schwer fallen.
D. Angesichts ihren Qualitäten dürfte ihr die Aufgabe nicht schwer fallen.
E. Keine Antwort ist richtig.

62)

A. Entgegen seinem guten Vorsatz hat er ständig zu schnell gefahren.
B. Entgegen seines guten Vorsatzes fuhr er ständig zu schnell.
C. Entgegen seinem guten Vorsatz ist er ständig zu schnell gefahren.
D. Entgegen seine guten Vorsatz fährt er ständig zu schnell.
E. Keine Antwort ist richtig.

63)

A. Dieses Problem haben viele Leute in bestimmten Situationen.
B. Dieses Problem hat viele Leute in bestimmten Situationen.
C. Dieser Problem hat viele Leute in bestimmten Situationen.
D. Diesen Problem haben viele Leute in bestimmten Situationen.
E. Keine Antwort ist richtig.

64)

A. Vorgestern scheinte die Sonne.
B. Vorgestern hat die Sonne gescheint.
C. Vorgestern schien die Sonne.
D. Vorgestern hatte die Sonne geschient.
E. Keine Antwort ist richtig.

65)

A. Als versierter Kenner griechischer Heldensagen kamen ihm Zweifel ob der Schlichtheit dieses Werks.

B. Als versiertem Kenner griechischer Heldensagen kamen ihm Zweifel ob der Schlichtheit dieses Werks.

C. Als versierte Kenner griechische Heldensagen kamen ihm Zweifel ob die Schlichtheit dieses Werks.

D. Als versierten Kennern griechischen Heldensagen kamen ihm Zweifel ob der Schlichtheit dieses Werks.

E. Keine Antwort ist richtig.

Kommasetzung *Bearbeitungszeit 7½ Minuten*

In diesem Abschnitt geht es darum, die richtige Kommasetzung zu erkennen.

Beantworten Sie bitte die folgenden Aufgaben, indem Sie jeweils den Lösungsbuchstaben des korrekt interpunktierten Satzes markieren.

66)

A. Begründen Sie bitte warum Sie sich gerade bei uns beworben haben.
B. Begründen Sie bitte, warum Sie sich gerade bei uns beworben haben.
C. Begründen, Sie bitte, warum Sie sich gerade bei uns beworben haben.
D. Begründen, Sie bitte warum Sie sich gerade bei uns beworben haben.
E. Keine Antwort ist richtig.

67)

A. Soziale Kompetenz meint die Fähigkeit, auf andere Menschen zuzugehen, Kontakte herzustellen und mit anderen zusammenzuarbeiten.
B. Soziale Kompetenz meint die Fähigkeit auf andere Menschen zuzugehen, Kontakte herzustellen und mit anderen zusammenzuarbeiten.
C. Soziale Kompetenz meint die Fähigkeit, auf andere Menschen zuzugehen Kontakte herzustellen und mit anderen zusammenzuarbeiten.
D. Soziale Kompetenz meint die Fähigkeit, auf andere Menschen zuzugehen, Kontakte herzustellen, und mit anderen zusammenzuarbeiten.
E. Keine Antwort ist richtig.

68)

A. Ein wichtiger Punkt, der das Lernverhalten eines Menschen beeinflussen kann, ist die eigene, aktive Motivation des Lernenden.
B. Ein wichtiger Punkt der das Lernverhalten eines Menschen beeinflussen kann, ist die eigene, aktive Motivation des Lernenden.
C. Ein wichtiger Punkt, der das Lernverhalten eines Menschen beeinflussen kann ist die eigene, aktive Motivation des Lernenden.
D. Ein wichtiger Punkt der das Lernverhalten eines Menschen beeinflussen kann ist die eigene, aktive Motivation des Lernenden.
E. Keine Antwort ist richtig.

69)

A. Bewerben Sie sich bei Unternehmen von denen Sie annehmen oder wissen, dass diese Ausbildungsplätze anbieten, die Ihrer Vorstellung entsprechen.

B. Bewerben Sie sich bei Unternehmen von denen Sie annehmen oder wissen dass diese Ausbildungsplätze anbieten, die Ihrer Vorstellung entsprechen.

C. Bewerben Sie sich bei Unternehmen, von denen Sie annehmen oder wissen, dass diese Ausbildungsplätze anbieten, die Ihrer Vorstellung entsprechen.

D. Bewerben Sie sich bei Unternehmen, von denen Sie annehmen oder wissen, dass diese Ausbildungsplätze anbieten die Ihrer Vorstellung entsprechen.

E. Keine Antwort ist richtig.

70)

A. Wir würden es begrüßen wenn es uns gelingt, alle Leser optimal auf die Einstellungstests vorzubereiten.

B. Wir, würden es begrüßen, wenn es uns gelingt, alle Leser optimal auf die Einstellungstests vorzubereiten.

C. Wir würden es begrüßen, wenn es uns gelingt, alle Leser optimal auf die Einstellungstests vorzubereiten.

D. Wir würden es begrüßen, wenn es uns gelingt alle Leser optimal auf die Einstellungstests vorzubereiten.

E. Keine Antwort ist richtig.

71)

A. Ein wichtiger Aspekt, der die Konzentration eines Menschen beeinflussen kann, ist Übung.

B. Ein wichtiger Aspekt der die Konzentration eines Menschen beeinflussen kann ist Übung.

C. Ein wichtiger Aspekt der die Konzentration eines Menschen beeinflussen kann, ist Übung.

D. Ein wichtiger Aspekt, der die Konzentration eines Menschen beeinflussen kann ist Übung.

E. Keine Antwort ist richtig.

72)

A. Er ist nach der Arbeit zu müde als dass er noch joggen könnte, obwohl er sich vorgenommen hat, regelmäßig zu trainieren.

B. Er ist nach der Arbeit zu müde, als dass er noch joggen könnte obwohl er sich vorgenommen hat, regelmäßig zu trainieren.

C. Er ist nach der Arbeit zu müde als dass er noch joggen könnte, obwohl er sich vorgenommen hat regelmäßig zu trainieren.

D. Er ist nach der Arbeit zu müde, als dass er noch joggen könnte, obwohl er sich vorgenommen hat, regelmäßig zu trainieren.

E. Keine Antwort ist richtig.

73)

A. Menschen, die Vorurteile haben diese aber aufgrund objektiver Tatsachen ablegen, sind nicht länger voreingenommen.

B. Menschen die Vorurteile haben diese aber aufgrund objektiver Tatsachen ablegen, sind nicht länger voreingenommen.

C. Menschen die Vorurteile haben, diese aber aufgrund objektiver Tatsachen ablegen, sind nicht länger voreingenommen.

D. Menschen, die Vorurteile haben, diese aber aufgrund objektiver Tatsachen ablegen, sind nicht länger voreingenommen.

E. Keine Antwort ist richtig.

74)

A. Herr Mayer fragt bei Kollegen Freunden und Verwandten nach Beispielen, die er in seinem Buch verwenden kann.

B. Herr Mayer fragt bei Kollegen, Freunden, und Verwandten nach Beispielen, die er in seinem Buch verwenden kann.

C. Herr Mayer fragt bei Kollegen, Freunden und Verwandten nach Beispielen die er in seinem Buch verwenden kann.

D. Herr Mayer fragt bei Kollegen, Freunden, und Verwandten nach Beispielen, die er in seinem Buch, verwenden kann.

E. Keine Antwort ist richtig.

75)

A. Wenn Sie in dem von Ihnen gewünschten Unternehmen keinen Ausbildungsplatz bekommen, sollten Sie bereit sein, sich um einen Ausbildungsplatz in einem anderen Unternehmen zu bewerben.

B. Wenn Sie in dem von Ihnen gewünschten Unternehmen keinen Ausbildungsplatz bekommen, sollten Sie bereit sein sich um einen Ausbildungsplatz in einem anderen Unternehmen zu bewerben.

C. Wenn Sie in dem von Ihnen gewünschten Unternehmen keinen Ausbildungsplatz bekommen sollten Sie bereit sein sich um einen Ausbildungsplatz in einem anderen Unternehmen zu bewerben.

D. Wenn Sie, in dem von Ihnen gewünschten Unternehmen, keinen Ausbildungsplatz bekommen, sollten Sie bereit sein, sich um einen Ausbildungsplatz in einem anderen Unternehmen zu bewerben.

E. Keine Antwort ist richtig.

Fremdwörter

Bearbeitungszeit 5 Minuten

Ordnen Sie jedem Fremdwort die korrekte Bedeutung aus der rechten Spalte zu, indem Sie den richtigen Lösungsbuchstaben in das Kästchen eintragen.

Fremdwort	A–J	Bedeutung
76) viril		**A.** gleichförmig
77) objektiv		**B.** männlich
78) konsequent		**C.** übertrieben genau
79) investigativ		**D.** verpflichtend
80) homogen		**E.** rechtmäßig
81) frontal		**F.** fortschrittlich
82) pedantisch		**G.** folgerichtig
83) obligatorisch		**H.** nachforschend
84) progressiv		**I.** von vorn
85) legitim		**J.** sachlich

Sprichwörter

Bearbeitungszeit 5 Minuten

Was bedeuten die folgenden Sprichwörter und Redensarten? Bitte markieren Sie den richtigen Lösungsbuchstaben.

86) Steter Tropfen höhlt den Stein.

A. Es ist sinnlos zu versuchen, Steine mit Wasser auszuhöhlen.
B. Beharrlichkeit führt zum Erfolg.
C. Wasser ist härter als Stein.
D. Steine durchlöchert man am besten mit Tropfen.
E. Keine Antwort ist richtig.

87) Hunde, die bellen, beißen nicht.

A. Wer lautstark droht, ist ungefährlich.
B. Der will doch nur spielen.
C. Hunde, die nicht bellen, sind gefährlich.
D. Kleine Hunde sind gefährlicher als große.
E. Keine Antwort ist richtig.

88) Nachts sind alle Katzen grau.

A. Wer sich unbeobachtet fühlt, hat keine Hemmungen.
B. Man sollte im Dunkeln nicht zu sehr auffallen.
C. Nachts erscheint alles ähnlich.
D. Katzen sind enorm anpassungsfähig.
E. Keine Antwort ist richtig.

89) Zeit ist Geld.

A. Wer Zeit hat, hat auch Geld.
B. Jede Minute ist kostbar.
C. Zeit kann man nicht kaufen.
D. Reiche Menschen haben keine Zeit.
E. Keine Antwort ist richtig.

90) Freunde in der Not gehen tausend auf ein Lot.

A. Gute Freunde sind immer für einen da.
B. Es ist schwer, gute Freunde zu finden.
C. In schweren Zeiten stehen einem nur wenige Freunde wirklich bei.
D. Freunde sind etwas Wichtiges.
E. Keine Antwort ist richtig.

91) Der Krug geht so lange zum Brunnen, bis er bricht.

A. Etwas geht meistens gut.
B. Etwas geht nicht auf Dauer gut.
C. Dinge sind ersetzbar.
D. Etwas geht zufällig gut.
E. Keine Antwort ist richtig.

92) Wie man sich bettet, so liegt man.

A. Es ist wichtig, ein gutes Bett zu haben.

B. Auf weichen Kissen lässt es sich gut schlafen.

C. Betten sind ein wichtiger Bestandteil unseres Lebens, da man viel Zeit im Schlaf verbringt.

D. Es hängt von jedem selbst ab, wie er sein Leben gestaltet.

E. Keine Antwort ist richtig.

93) Wasch mir den Pelz, aber mach mich nicht nass.

A. Vorsicht ist bei bestimmten Dingen angeraten.

B. Lege dich nicht mit Stärkeren an.

C. Jemand gibt sich mit wenig zufrieden.

D. Jemand möchte nur die Vorteile einer Sache genießen.

E. Keine Antwort ist richtig.

94) Die Katze im Sack kaufen.

A. Man erwirbt etwas, ohne es vorher geprüft zu haben.

B. Risikobereitschaft lohnt sich nicht.

C. Viele Leute scheitern aufgrund zu hoher Risikobereitschaft.

D. Etwas Wertvolles bleibt oft unerkannt.

E. Keine Antwort ist richtig.

95) Wo Rauch ist, ist auch Feuer.

A. Vorwürfe sind oft berechtigt.

B. Wenn es raucht, dann wird es schnell gefährlich.

C. Es gibt keinen Rauch ohne Feuer.

D. Anhand von Rauch lässt sich Feuer entdecken.

E. Keine Antwort ist richtig.

Inhalte wiedergeben

Bearbeitungszeit 10 Minuten

Ein wissenschaftliches Institut des Handels hat eine Studie über Ladendiebstähle veröffentlicht.

Bitte lesen Sie sich den folgenden Text aufmerksam durch und entscheiden Sie, welche Aussagen dazu korrekt sind.

Ladendiebstahl ist kein Kavaliersdelikt

Die Inventurdifferenzen im gesamten Handel belaufen sich jährlich auf rund vier Milliarden Euro. Hierdurch entgehen dem Staat über 450 Millionen Euro an Mehrwertsteuern pro Jahr.

Um die Inventurverluste zu reduzieren, investiert der Handel etwa 0,3 Prozent des Umsatzes in diebstahlverhütende Maßnahmen, was ca. 1,3 Milliarden Euro Kosten verursacht. Die bei der Polizei angezeigten Ladendiebstähle sind in 2021 um 15,6 Prozent von 304.005 im Vorjahr auf 256.694 zurückgegangen. Im Umkehrschluss blieben Experten zufolge durchschnittlich 19,8 Millionen Diebstähle im Wert von jeweils 106 Euro unentdeckt – also mehr als 99 Prozent. Dass weniger Ladendiebstähle angezeigt wurden als noch 2020, hat vermutlich mit den verringerten Ausgaben für Detekteien zu tun. Diese bringen üblicherweise die meisten Fälle zur Anzeige. 2,1 Milliarden Euro Verlust verursachen Diebe aus der Kundschaft insgesamt, während eigene Mitarbeiter für 810 Millionen Euro sowie Lieferanten und Servicekräfte für 320 Millionen verantwortlich gemacht werden. 870 Millionen Euro kommen durch organisatorische Mängel abhanden.

Die Rendite im Einzelhandel wird durch eine durchschnittliche Inventurdifferenz von einem Prozent – bezogen auf den Bruttoumsatz der Verkaufszahlen im Handel – erheblich geschmälert. Die aktuellen Deliktzahlen aus dem Handel belegen die Wichtigkeit und Notwendigkeit von Detektiven, Kameraüberwachungen und weiterer Anti-Diebstahltechnik im Einzelhandel.

Quelle: EHI Retail Institute

Bitte prüfen Sie die folgenden Aussagen auf ihre Richtigkeit. Kreuzen Sie **„stimmt"** an, wenn sich eine Aussage durch den Text belegen lässt. Andernfalls markieren Sie **„stimmt nicht"**.

96) Eine weitere Verstärkung von Präventivmaßnahmen gegen Ladendiebstahl ist erforderlich.

☐ stimmt ☐ stimmt nicht

97) Ladendiebstähle nahmen 2021 weiter zu und summierten sich auf etwa 3 Millionen angezeigte Vergehen.

☐ stimmt ☐ stimmt nicht

98) Detekteien stellen im Kampf gegen Ladendiebstahl keine Hilfe dar.

☐ stimmt ☐ stimmt nicht

99) Mehr als die Hälfte der Inventurverluste gehen auf das Konto der Kundschaft.

☐ stimmt ☐ stimmt nicht

100) Für den Schutz von Ware investiert der Handel einen unerheblichen Betrag, der in die Verkaufspreise eingespielt wird.

☐ stimmt ☐ stimmt nicht

101) Die Rendite im Einzelhandel wird kaum von den Inventurverlusten beeinträchtigt.

☐ stimmt ☐ stimmt nicht

102) Das Personal im Einzelhandel stiehlt nicht.

☐ stimmt ☐ stimmt nicht

103) Eigene Fehlplanung schlägt sich in der Inventurdifferenz weniger deutlich nieder als der Schaden durch Lieferanten und Servicekräfte.

☐ stimmt ☐ stimmt nicht

104) Die meisten Diebstähle werden entdeckt und zur Anzeige gebracht.

☐ stimmt ☐ stimmt nicht

105) Dem Staat kann es egal sein, ob Ware entwendet oder verkauft wird. Er bekommt seine Steuereinnahmen in jedem Fall.

☐ stimmt ☐ stimmt nicht

Textverständnis

Lesezeit 5 Minuten

Nun wird Ihr Textverständnis geprüft.

Bitte lesen Sie sich den folgenden Text in den nächsten **5 Minuten** aufmerksam durch und prägen Sie sich alle wichtigen Aussagen ein. Anschließend sind einige Fragen zum Inhalt schriftlich zu beantworten.

Anatomie des Menschen: Knochen und Gelenke

Menschliche Knochen sind enorm belastungsfähig und dabei erstaunlich leicht. Vom drei Millimeter langen Innenohr- bis zum halbmetergroßen Oberschenkelknochen machen die mehr als 200 „Einzelteile" des menschlichen Skeletts zusammen nur rund 12 Prozent des Körpergewichts aus. Wo zwei oder mehr Knochen aufeinandertreffen, befinden sich Gelenke. Sie übernehmen eine schwierige Doppelaufgabe: Einerseits müssen sie die Knochen stabil aneinander koppeln, andererseits sollen sie genügend Bewegungsfreiheit bieten. Beides zugleich gelingt nur durch eine ausgefeilte Konstruktion aus verschiedenen Gewebearten: Bänder knüpfen die Gelenkknochen aneinander, Knorpel und Gelenkflüssigkeit dienen als elastische Puffer dazwischen, Muskeln initiieren Bewegungen und geben zusätzlichen Halt.

Im Lauf der Evolution hat sich für jede Belastungsform und -richtung ein geeigneter Gelenktyp herausgebildet. Scharniergelenke wie Ellenbogen und Knie kann man z. B. nur um eine Achse, Kugelgelenke wie Hüfte oder Schulter um alle drei Raumachsen drehen. Ihr komplexer Aufbau macht die Gelenke leider relativ anfällig. Nicht „konstruktionsgemäße" Drehungen oder Beugungen in die falsche Richtung können zu Knorpelschäden, Bänderdehnungen und -rissen führen.

Bearbeitungshinweis

Versuchen Sie besser nicht, den Text komplett auswendig zu lernen: Es geht hier nicht um Ihr „fotografisches Gedächtnis". Konzentrieren Sie sich stattdessen auf die Kernaussagen, die Sie ohne Weiteres in eigenen Worten wiedergeben können, solange der Sinn gewahrt bleibt. Achten Sie bei Ihrer Antwort auf einen logischen Satzbau und eine korrekte Rechtschreibung.

Nachdem Sie sich den Text durchgelesen haben, beantworten Sie bitte nun die folgenden Fragen schriftlich. Sie haben dafür **10 Minuten** Zeit.

106) Wodurch zeichnen sich menschliche Knochen dem Text zufolge aus?

107) Welche Aufgaben übernehmen die Gelenke im menschlichen Körper?

108) Wie ist ein Gelenk aufgebaut, welche Funktionen haben die einzelnen „Bauteile"?

109) Was wird über die unterschiedlichen Gelenktypen gesagt?

110) Wie wird die Verletzungsanfälligkeit von Gelenken eingeschätzt?

Lösungen: Sprachbeherrschung

1) A
2) D
3) C
4) C
5) A
6) C
7) A
8) C
9) B
10) D
11) paar
12) nummeriert
13) sympathisch
14) schuld
15) Gräuel
16) todkrank
17) zuzusehen
18) zu Ende
19) dunkelrot
20) anhand
21) A
22) B
23) B
24) B
25) A
26) A
27) A
28) B
29) B
30) B
31) obwohl
32) Als
33) sondern auch
34) und
35) nachdem
36) doch
37) oder
38) indem
39) sondern
40) während
41) dem Stuhl | den Schrank
42) deiner schnellen Hilfe
43) Den meisten Menschen
44) ein derartiger Fehler
45) ihrer fehlenden Sprachkenntnisse
46) schlechter Planung
47) unseren umtriebigen Cousin
48) den Kollegen
49) ihrer beschwichtigenden Worte
50) diesen Umständen
51) aufgehängt
52) uns
53) gesehen hatte
54) wäre
55) geeigneten Werkzeugs
56) A
57) C
58) D
59) B
60) D
61) A
62) C
63) A
64) C
65) B
66) B
67) A
68) A
69) C
70) C
71) A
72) D
73) D
74) E
75) A
76) B
77) J
78) G
79) H
80) A
81) I
82) C

83)	D	**93)**	D	**103)**	stimmt nicht
84)	F	**94)**	A	**104)**	stimmt nicht
85)	E	**95)**	A	**105)**	stimmt nicht
86)	B	**96)**	stimmt	**106)**	siehe Erklärung
87)	A	**97)**	stimmt nicht	**107)**	
88)	C	**98)**	stimmt nicht	**108)**	
89)	B	**99)**	stimmt	**109)**	
90)	C	**100)**	stimmt nicht	**110)**	
91)	B	**101)**	stimmt nicht		
92)	D	**102)**	stimmt nicht		

Welche Schreibweise stimmt? (Aufgaben 1–10)

Zu 1) **A.** Publikum

Zu 2) **D.** Hydraulik

Zu 3) **C.** Ventilator

Zu 4) **C.** Akademie

Zu 5) **A.** Amateurfotograf

Zu 6) **C.** Rheinland-Pfalz

Zu 7) **A.** Registrierkasse

Zu 8) **C.** Vehikel

Zu 9) **B.** Rivalität

Zu 10) **D.** Halluzination

Rechtschreibung: Lückentext (Aufgaben 11–20)

Zu 11) Ich hätte gern ein ***paar*** Brötchen.

Zu 12) Wir haben alle Teile ***nummeriert***.

Zu 13) Sie waren sich einfach nicht ***sympathisch***.

Zu 14) Du bist ***schuld***, dass wir nicht fertig geworden sind!

Zu 15) Spinnen sind ihr ein ***Gräuel***.

Zu 16) Der Opa ist ***todkrank***.

Zu 17) Hilf lieber mit, anstatt nur ***zuzusehen***!

Zu 18) Endlich habe ich das Buch ***zu Ende*** gelesen.

Zu 19) Mein Lieblingssofa ist ***dunkelrot***.

Zu 20) Sie wird ***anhand*** der Statistiken entscheiden.

Groß- und Kleinschreibung (Aufgaben 21–30)

Zu 21) A. Es wurde über die Vereinigten Arabischen Emirate debattiert.

Eigennamen („Vereinigte Arabische Emirate") werden in den meisten Fällen großgeschrieben, selbst dann, wenn sie aus Adjektiven und Substantiven zusammengesetzt sind.

Zu 22) B. Das Wandern ist des Müllers Lust.

Substantivierte Verben („das Wandern") werden großgeschrieben.

Zu 23) B. Sie hat drei Zweier im Zeugnis.

Substantivierte Grund- und Ordnungszahlen („Zweier") werden großgeschrieben.

Zu 24) B. Unsere Jüngste ist auch schon fünf Jahre alt.

Substantivierte Adjektive („Jüngste") werden großgeschrieben.

Zu 25) A. Sie war bei Jung und Alt gleichermaßen beliebt.

Paarformeln („Jung und Alt"), die zur näheren Bestimmung von Personen dienen, werden großgeschrieben.

Zu 26) A. Er mag gerne Rad fahren.

Substantive schreibt man in Verbindung mit einem Verb (z. B. „Rad fahren", „Handball spielen") generell groß und getrennt.

Zu 27) A. Sie stimmt dir im Allgemeinen zu.

Adjektive in festen Wortverbindungen (z. B. „im Allgemeinen", „im Folgenden", „im Nachhinein") werden sowohl bei Verwendung in wörtlicher als auch in übertragener Bedeutung großgeschrieben.

Zu 28) B. Wir haben uns für heute Abend verabredet.

Tageszeiten („Abend") werden großgeschrieben, wenn sie in Verbindung mit unbestimmten Tagen („heute") stehen.

Zu 29) B. Er möchte Folgendes anmerken.

Adjektive mit demonstrativer Bedeutung werden grundsätzlich großgeschrieben („Er möchte Folgendes anmerken", „Sie sagte das Gleiche", „Wir haben Derartiges noch nie erlebt").

Zu 30) B. Damit hat er vollkommen recht!

Die Verbindung „recht haben"/„Recht haben" kann groß- und kleingeschrieben werden – außer in intensivierenden Wendungen wie im vorliegenden Fall: Hier muss kleingeschrieben werden.

Konjunktionen (Aufgaben 31–40)

Zu 31) Paul hat sich erkältet, ***obwohl*** das Wetter schön war.

Das schöne Wetter ist ein Gegengrund für die Erkältung von Paul. Gegengründe werden mit konzessiven Konjunktionen wie „obwohl", „obgleich", „wiewohl" oder „wenngleich" eingeleitet. Alle weiteren Vorschläge sind logisch falsch.

Zu 32) ***Als*** erfahrenem Lkw-Fahrer hätte Herrn Zenker der Unfall nicht passieren dürfen.

Hier verbindet die Konjunktion „als" zwei Satzteile miteinander. Alle weiteren Vorschläge sind allein schon grammatisch nicht möglich.

Zu 33) Opa Franz ist nicht nur witzig, ***sondern auch*** schlau.

Die feststehende Wendung „Nicht nur ... sondern auch" ist eine kopulative Konjunktion. Sie reiht mehrere Elemente – in diesem Fall Opa Franz' Eigenschaften – zu einer Aufzählung aneinander.

Zu 34) Bernd war schon in Australien, in Vietnam ***und*** in Südafrika.

Hier werden mehrere Orte aufgezählt, die Bernd schon besucht hat. Aufzählungen erfordern eine kopulative (verbindende) Konjunktion wie „und". Alle anderen Ergänzungen würden den Sinngehalt verändern und/oder einen grammatisch falschen Satz ergeben.

Zu 35) Corinna hat eine Beule am Knie, ***nachdem*** sie einen Fahrradunfall hatte.

Der Fahrradunfall ist zum einen der Grund für Corinnas Beule. Doch die in der Auswahl vorgeschlagene nebenordnende kausale Konjunktion „denn" scheidet aus, weil der Satzbau (Hauptsatz + Nebensatz) eine unterordnende Konjunktion erfordert. Zum anderen wird eine zeitliche Abfolge beschrieben, die mit der temporalen Konjunktion „nachdem" korrekt wiedergegeben werden kann.

Zu 36) Michael hat vielleicht ein großes Auto, ***doch*** ich habe ein schnelles Motorrad.

Hier wird ein Gegensatz ausgedrückt, indem das schnelle Motorrad gegen das große Auto ausgespielt wird. Gesucht wird nach einem adversativen Bindewort, das infolge des Satzbaus (Hauptsatz + Hauptsatz) dazu noch nebenordnend sein muss – das unterordnende „wohingegen" scheidet schon allein daher aus. Die korrekte Lösung lautet „doch".

Zu 37) Wir können nur nach links ***oder*** nach rechts gehen.

Hier wird eine Auswahl festgelegt: Es kann nur einer von zwei Wegen beschritten werden. Gesucht wird also eine disjunktive Konjunktion, die sich mit „oder" schließlich auch unter den Vorschlägen findet.

Zu 38) Anna schlug zwei Fliegen mit einer Klappe, ***indem*** sie die Tickets im Internet kaufte.

Der Ticketkauf im Internet beschreibt das Mittel bzw. die Art und Weise, mit der Anna Zeit und Geld sparen und somit zwei Fliegen mit einer Klappe schlagen konnte. Die passende modale Konjunktion lautet „indem".

Zu 39) Gestern im Büro habe ich nicht meinen Schirm, ***sondern*** meinen Hut vergessen.

Hier wird ein Gegensatz ausgedrückt: Der Hut ging verloren, nicht etwa der Schirm. Gesucht wird also nach einem adversativen Bindewort – das infolge des Satzbaus (Hauptsatz + Hauptsatz) dazu noch nebenordnend sein muss. Daher scheidet das unterordnende „indes" aus; die korrekte Lösung lautet „sondern".

Zu 40) Ich kann doch nicht privat telefonieren, ***während*** ich im Einsatz bin!

Die vorangestellte Aussage dreht sich um die Gleichzeitigkeit von Handytelefonaten und Einsatzzeit. Die passende temporale Konjunktion lautet „während".

Erläuterung

Konjunktionen (Bindewörter) verknüpfen Wörter, Wortgruppen oder ganze Sätze, wobei man in neben- und unterordnende Konjunktionen unterscheidet: Nebenordnende Konjunktionen verbinden Hauptsätze sowie gleichrangige Satzglieder, Wortgruppen oder Nebensätze („Er kam zu spät, denn er hatte verschlafen"). Unterordnende Konjunktionen verbinden Hauptsätze mit Nebensätzen oder Nebensätze mit weiteren, untergeordneten Nebensätzen („Er kam zu spät, weil er verschlafen hatte, da der Wecker defekt war"). Aus dem Satzbau können Sie also darauf schließen, ob eine neben- oder unterordnende Konjunktion gesucht wird.

Darüber hinaus geben Konjunktionen Auskunft über die logische Beziehung, die zwischen den verknüpften Elementen besteht. Bindewörter können einen Gegensatz ausdrücken (adversativ: „aber", „wohingegen"), Möglichkeiten aus einer Auswahl ausschließen (disjunktiv: „oder", „entweder ... oder"), einen Zweck bzw. eine Absicht wiedergeben (final: „um ... zu", „damit"), eine Ursache angeben (kausal: „denn", „weil"), eine Bedingung einleiten (konditional: „falls", „wenn"), die Folgen des Vorangegangenen ausführen (konsekutiv: „dass", „sodass"), einen Hinderungsgrund nennen (konzessiv: „obwohl", „wenn auch"), mehrere Elemente zu einer Aufzählung verbinden (kopulativ: „und", „nicht nur ... sondern auch"), die Art und Weise einer Handlung beschreiben (modal: „indem", „ohne ... zu") oder eine zeitliche Reihenfolge wiedergeben (temporal: „als", „nachdem"). Manche Konjunktionen („ob", „dass") leiten bisweilen auch nur Nebensätze ein, ohne eine Bedeutung mitzuteilen.

Konjugieren und deklinieren (Aufgaben 41–55)

Zu 41) Sie stand auf *dem Stuhl* und versuchte, einen Karton auf *den Schrank* zu schieben.

Lokale Präpositionen erfordern je nach Bedeutung ein Substantiv im Dativ oder Akkusativ. Bei einer Ortsangabe ist der Dativ zu wählen, bei einer Richtungsangabe der Akkusativ. Da die Präposition „auf" im ersten Satzteil einen Ort benennt, muss die Substantivgruppe „auf dem Stuhl" im Dativ stehen. Im zweiten Satzteil wird eine Richtung angegeben, darum steht „auf den Schrank" im Akkusativ.

Zu 42) Dank *deiner schnellen Hilfe* geht es mir schon wieder viel besser.

Nach der Präposition „dank" kann die Substantivgruppe im Dativ oder Genitiv stehen. Beide Formen sind hier identisch.

Zu 43) *Den meisten Menschen* fällt es schwer, auf Süßigkeiten zu verzichten.

Die Konstruktion lautet „jemandem fällt etwas schwer", daher muss die Substantivgruppe im Dativ stehen.

Zu 44) Ich verstehe nicht, wie *ein derartiger Fehler* so lange unbemerkt bleiben konnte.

„Ein derartiger Fehler" muss als Subjekt des Nebensatzes im Nominativ stehen und bleibt folglich unverändert.

Zu 45) Wegen *ihrer fehlenden Sprachkenntnisse* besuchte sie einen Englischkurs.

Die Präposition „wegen" erfordert eine Ergänzung im Genitiv.

Zu 46) Trotz *schlechter Planung* wurde die Veranstaltung letztlich ein Erfolg.

Die Präposition „trotz" zieht einen Genitiv nach sich.

Zu 47) Ohne *unseren umtriebigen Cousin* hätte der Zirkusbesuch nicht stattgefunden.

Die Präposition „ohne" erfordert, dass die folgende Substantivgruppe im Akkusativ steht.

Zu 48) Er hat sich gegenüber *den Kollegen* immer einwandfrei verhalten.

Die Präposition „gegenüber" erfordert, dass das folgende Substantiv im Dativ steht.

Zu 49) Trotz *ihrer beschwichtigenden Worte* war er zutiefst empört.

Die Präposition „trotz" zieht eine Substantivgruppe im Genitiv nach sich.

Zu 50) Unter *diesen Umständen* sollten wir möglichst schnell handeln.

Die Präposition „unter" wird hier modal gebraucht, das heißt, sie bezeichnet die Art und Weise bzw. die Rahmenbedingungen eines Vorgangs. In dieser Verwendung zieht „unter" einen Dativ nach sich.

Zu 51) Sie hat noch schnell die frische Wäsche zum Trocknen *aufgehängt*.

Die Lücke in diesem Satz muss mit einem Partizip II gefüllt werden. Die vollständige Verbform lautet „hat aufgehängt" (Perfekt).

Zu 52) Wir haben *uns* schon gefragt, wo du steckst!

Die Konstruktion des Verbs lautet „sich fragen". Das Wort „uns" ist hier die flektierte Form des Reflexivpronomens „sich". Da es sich auf das Subjekt „wir" bezieht, muss es in der ersten Person Plural stehen.

Zu 53) Nachdem er die Wohnung *gesehen hatte*, unterschrieb er begeistert den Mietvertrag.

Die Ereignisse des Temporalnebensatzes liegen zeitlich vor denen des Hauptsatzes. Da das Hauptsatz-Verb im Präteritum steht (in der Vergangenheit), muss das Nebensatz-Verb im Plusquamperfekt stehen (in der Vorvergangenheit).

Zu 54) Wenn er sich jetzt sehen könnte, _**wäre**_ er peinlich berührt.

Das Verb des Hauptsatzes muss hier in derselben Zeitform stehen wie das Verb des Nebensatzes, also im Konjunktiv II Präsens.

Zu 55) Mangels _**geeigneten Werkzeugs**_ konnte er die Reparatur nicht durchführen.

Die Präposition „mangels" zieht in der Regel einen Genitiv nach sich.

Lösungshinweis

Um die richtige grammatische Form zu finden, ist es hilfreich, sich die einzelnen Sätze leise vorzulesen. Achten Sie dabei auf Person, Zahl und Zeitform.

Grammatik: Kurze Sätze (Aufgaben 56–65)

Zu 56) A. Statt zu verreisen, blieb ich lieber zu Hause.

Nur in Lösungsvorschlag A findet sich eine korrekte Vergangenheitsform (Präteritum) des Verbs „bleiben".

Zu 57) C. Nach einem ausgedehnten Spaziergang setzte sie sich erst einmal hin.

Die Präposition „nach" zieht den Dativ nach sich, der nur in den Vorschlägen B und C richtig gebildet wird („einem ausgedehnten Spaziergang"). Doch nur Antwort C enthält zugleich auch eine korrekte Vergangenheitsform (Präteritum) von „hinsetzen".

Zu 58) D. Als ich im Herbst nach Hause kam, fielen schon die Blätter von den Bäumen.

Nur in Lösungsvorschlag D finden sich korrekte Vergangenheitsformen (Präteritum) der Verben „kommen" und „fallen". Beide Verben werden unregelmäßig gebeugt.

Zu 59) B. Ich freue mich, unseren neuen Kollegen begrüßen zu dürfen.

Die Substantivgruppe „unser neuer Kollege" muss hier im Akkusativ stehen, und die korrekte Verbkonstruktion lautet „begrüßen zu dürfen". Somit kommt nur Vorschlag B infrage.

Zu 60) D. Hättest du geschwiegen, wäre die Angelegenheit glimpflicher ausgegangen.

Nur in Lösungsvorschlag D finden sich die richtigen Konjunktivformen (Konjunktiv II) von „haben" und „sein".

Zu 61) A. Angesichts ihrer Qualitäten dürfte ihr die Aufgabe nicht schwerfallen.

Die Präposition „angesichts" zieht den Genitiv nach sich, der nur in den Vorschlägen A und C korrekt gebildet wird („ihrer Qualitäten"). Doch nur Antwort A berücksichtigt zugleich, dass das Verb „schwerfallen" in übertragener Bedeutung steht und daher zusammenzuschreiben ist.

Zu 62) C. Entgegen seinem guten Vorsatz ist er ständig zu schnell gefahren.

Die Präposition „entgegen" kann im Plural auch mit Genitiv, im Singular aber nur mit Dativ stehen wie in den Vorschlägen A und C („seinem guten Vorsatz"). In Satz A findet sich jedoch eine falsche Verbkonstruktion, sodass nur Antwort C infrage kommt.

Zu 63) A. Dieses Problem haben viele Leute in bestimmten Situationen.

Das Subjekt des Satzes lautet „viele Leute", dementsprechend muss auch das davon abhängige Verb im Plural stehen. Darüber hinaus muss die Substantivgruppe „dieses Problem" im Akkusativ stehen („Wen oder was haben viele Leute?"). Somit kommt nur Vorschlag A infrage.

Zu 64) C. Vorgestern schien die Sonne.

In der Umgangssprache sind auch die Formen „scheinte" und „hat gescheint" verbreitet, doch standardsprachlich wird das Verb „scheinen" unregelmäßig gebeugt („schien", „geschienen"): Lösungsvorschlag C stimmt.

Zu 65) B. Als versiertem Kenner griechischer Heldensagen kamen ihm Zweifel ob der Schlichtheit dieses Werks.

Die Substantivgruppe „als versierter Kenner" bezieht sich auf das Personalpronomen „ihm" und muss im selben Kasus stehen, nämlich im Dativ („als versiertem Kenner"). Die Substantivgruppe „griechische Heldensagen" muss im Genitiv stehen („griechischer Heldensagen"). „Ob" ist hier keine Konjunktion, sondern eine Präposition, die „wegen" oder „angesichts" bedeutet und üblicherweise den Genitiv nach sich zieht („ob der Schlichtheit"). Somit kommt nur Vorschlag B infrage.

Kommasetzung (Aufgaben 66–75)

Zu 66) B. Begründen Sie bitte, warum Sie sich gerade bei uns beworben haben.

Das Komma trennt einen Hauptsatz von einem Nebensatz (Objektsatz).

Zu 67) A. Soziale Kompetenz meint die Fähigkeit, auf andere Menschen zuzugehen, Kontakte herzustellen und mit anderen zusammenzuarbeiten.

Das erste Komma kennzeichnet den folgenden Infinitivsatz. Das zweite Komma ist durch die Aufzählung begründet.

Zu 68) A. Ein wichtiger Punkt, der das Lernverhalten eines Menschen beeinflussen kann, ist die eigene, aktive Motivation des Lernenden.

Die ersten beiden Kommas grenzen einen eingeschobenen Relativsatz vom Hauptsatz ab. Das dritte Komma resultiert aus einer Aufzählung.

Zu 69) C. Bewerben Sie sich bei Unternehmen, von denen Sie annehmen oder wissen, dass diese Ausbildungsplätze anbieten, die Ihrer Vorstellung entsprechen.

Das erste Komma trennt den Hauptsatz vom folgenden Relativnebensatz. Das zweite Komma beendet den Relativnebensatz und steht vor einem Nebensatz, der durch „dass" eingeleitet wird. Das dritte Komma trennt den „dass"-Nebensatz vom folgenden Relativnebensatz.

Zu 70) C. Wir würden es begrüßen, wenn es uns gelingt, alle Leser optimal auf die Einstellungstests vorzubereiten.

Das erste und zweite Komma trennen den eingeschobenen Konditionalsatz, der durch „wenn" eingeleitet ist und auf das Verb „gelingt" endet, vom Hauptsatz.

Zu 71) A. Ein wichtiger Aspekt, der die Konzentration eines Menschen beeinflussen kann, ist Übung.

Die beiden Kommas grenzen einen eingeschobenen Relativsatz vom Hauptsatz ab.

Zu 72) D. Er ist nach der Arbeit zu müde, als dass er noch joggen könnte, obwohl er sich vorgenommen hat, regelmäßig zu trainieren.

Das erste Komma trennt den Hauptsatz vom folgenden Konsekutivnebensatz. Das zweite Komma beendet den Konsekutivnebensatz und steht vor dem folgenden Konzessivnebensatz. Das dritte Komma beendet den Konzessivnebensatz und trennt ihn vom folgenden Infinitivnebensatz.

Zu 73) D. Menschen, die Vorurteile haben, diese aber aufgrund objektiver Tatsachen ablegen, sind nur voreingenommen.

Das erste Komma kennzeichnet den Beginn eines Relativsatzes, der mit dem zweiten Komma endet. Es folgt ein Adversativnebensatz, der durch das dritte Komma beendet wird.

Zu 74) E. Keine Antwort ist richtig.

Richtige Lösung: „Herr Mayer fragt bei Kollegen, Freunden und Verwandten nach Beispielen, die er in seinem Buch verwenden kann."

Das erste Komma ist durch eine Aufzählung bedingt. Das zweite Komma grenzt einen Relativnebensatz ab, der durch „die" eingeleitet wird, sich auf „Beispielen" bezieht und mit dem Prädikat „verwenden kann" endet.

Zu 75) A. Wenn Sie in dem von Ihnen gewünschten Unternehmen keinen Ausbildungsplatz bekommen, sollten Sie bereit sein, sich um einen Ausbildungsplatz in einem anderen Unternehmen zu bewerben.

Beim ersten Teil handelt es sich um einen Konditionalnebensatz, der durch das „Wenn" eingeleitet wird. Der Mittelteil ist der Hauptsatz. Der dritte Teil ist ein Infinitivsatz, der auf die Infinitivform „zu bewerben" endet. Die Nebensätze werden jeweils durch ein Komma vom Hauptsatz getrennt.

Fremdwörter (Aufgaben 76–85)

Zu 76) viril – **B.** männlich

Zu 77) objektiv – **J.** sachlich

Zu 78) konsequent – **G.** folgerichtig

Zu 79) investigativ – **H.** nachforschend

Zu 80) homogen – **A.** gleichförmig

Zu 81) frontal – **I.** von vorn

Zu 82) pedantisch – **C.** übertrieben genau

Zu 83) obligatorisch – **D.** verpflichtend

Zu 84) progressiv – **F.** fortschrittlich

Zu 85) legitim – **E.** rechtmäßig

Sprichwörter (Aufgaben 86–95)

Zu 86) B. Beharrlichkeit führt zum Erfolg.

„Steter Tropfen höhlt den Stein" besagt, dass Ausdauer und Beharrlichkeit zum Erfolg führen und Beständigkeit sich auszahlt.

Zu 87) A. Wer lautstark droht, ist ungefährlich.

Dieses Sprichwort hält Menschen, die gerne drohen, für in Wahrheit ungefährlich: Sie wollen sich mit ihren Drohungen Respekt verschaffen, diese aber nicht verwirklichen.

Zu 88) C. Nachts erscheint alles ähnlich.

„Nachts sind alle Katzen grau" bezieht sich darauf, dass man im Dunkeln keine Farben wahrnimmt: Alles erscheint in Grautönen. Im weiteren Sinne bedeutet das Sprichwort, dass unter bestimmten Umständen alle Unterschiede verschwimmen oder bedeutungslos werden.

Zu 89) B. Jede Minute ist kostbar.

Dieses Sprichwort handelt vom Wert der Zeit: Man soll jede Minute sinnvoll nutzen und die Tage nicht einfach so verstreichen lassen.

Zu 90) C. In schweren Zeiten stehen einem nur wenige Freunde wirklich bei.

Das Lot ist eine alte Gewichtseinheit und entspricht 16,7 Gramm. In der Not ist der Beistand von tausend (vermeintlichen) Freunden demnach nicht gerade hoch zu bewerten. Anders gesagt: In schwierigen Situationen hat man nur wenige wirkliche Freunde.

Zu 91) B. Etwas geht nicht auf Dauer gut.

Dieses Sprichwort kann verschieden ausgelegt werden. Allgemein bedeutet es, dass alles einmal zu Ende geht. Zugespitzt kann es bedeuten, dass etwas nicht auf Dauer gut geht oder jedes Unrecht irgendwann bestraft wird.

Zu 92) D. Es hängt von jedem selbst ab, wie er sein Leben gestaltet.

„Wie man sich bettet, so liegt man" besagt, dass jeder sein Schicksal in der eigenen Hand hat und selbst für die Folgen seines Handelns verantwortlich ist.

Zu 93) D. Jemand möchte nur die Vorteile einer Sache genießen.

Dieses Sprichwort wird als Motto Leuten in den Mund gelegt, die nur die Vorteile einer bestimmten Gegebenheit genießen wollen, aber nicht bereit sind, die damit verbundenen Nachteile in Kauf zu nehmen.

Zu 94) A. Man erwirbt etwas, ohne es vorher geprüft zu haben.

„Die Katze im Sack kaufen" bedeutet, etwas zu kaufen, ohne es zuvor gesehen und/oder geprüft zu haben. Man lässt sich auf etwas Unbekanntes ein.

Zu 95) A. Vorwürfe sind oft berechtigt.

Dieses Sprichwort drückt aus, dass in Gerüchten oft ein Funke Wahrheit steckt.

Inhalte wiedergeben (Aufgaben 96–105)

Zu 96) stimmt

Maßnahmen wie die Kameraüberwachung oder der Einsatz von Detektiven sind laut dem letzten Absatz wichtig und notwendig – begünstigt durch verlängerte Öffnungszeiten und fehlendes Personal.

Zu 97) stimmt nicht

2021 sind die angezeigten einfachen Ladendiebstähle von 304.005 auf 256.694 um 15,6 Prozent zurückgegangen.

Zu 98) stimmt nicht

In der Regel wird ein großer Teil der polizeibekannten Ladendiebstähle von Detekteien angezeigt.

Zu 99) stimmt

Die Kundschaft stahl 2021 Waren im Wert von 2,1 Milliarden Euro – das ist mehr als die Hälfte der gesamten Inventurverluste von rund vier Milliarden.

Zu 100) stimmt nicht

Der Handel investiert immerhin 1,3 Milliarden Euro in diebstahlverhütende Maßnahmen – beileibe kein „unerheblicher Betrag".

Zu 101) stimmt nicht

Die Inventurverluste von im Schnitt ein Prozent des Bruttoumsatzes bedeuten laut Text eine „erhebliche" Schmälerung der Rendite.

Zu 102) stimmt nicht

Das Personal im Einzelhandel wird für Verluste von 810 Millionen Euro verantwortlich gemacht.

Zu 103) stimmt nicht

Lieferanten und Servicekräfte verursachen einen Schaden von 320 Millionen Euro. Eigene Fehlplanung, also organisatorische Mängel, schlägt sich mit 870 Millionen Euro nieder.

Zu 104) stimmt nicht

2021 wurden gut 250.000 Anzeigen wegen Ladendiebstahls erstattet. Über 99 Prozent der Diebstähle bleiben somit ohne rechtliche Konsequenzen.

Zu 105) stimmt nicht

Ware, die entwendet wird, wird nicht an den Kassen abgerechnet und fließt somit nicht in den Umsatz ein. Für entwendete Ware erhält der Staat keine Steuern, die Verluste sind für Unternehmen gewinnschmälernd.

Textverständnis (Aufgaben 106–110)

Zu 106) Wodurch zeichnen sich menschliche Knochen dem Text zufolge aus?

Die Antwort findet sich im ersten Satz: Knochen sind enorm belastbar und gleichzeitig relativ leicht. Alle Knochen im menschlichen Körper machen zusammengenommen nur etwa 12 Prozent des Körpergewichts aus.

Zu 107) Welche Aufgaben übernehmen die Gelenke im menschlichen Körper?

Die Gelenke übernehmen zwei Hauptaufgaben: Zum einen sollen sie zwei oder mehrere Knochen möglichst stabil miteinander verbinden, zum anderen sollen sie genügend Beweglichkeit gewährleisten – daher müssen sie zugleich flexibel sein.

Zu 108) Wie ist ein Gelenk aufgebaut, welche Funktionen haben die einzelnen „Bauteile"?

Ein Gelenk besteht aus mehreren Komponenten mit unterschiedlichen Funktionen: Bänder verbinden die Gelenkknochen miteinander, zwischen denen Knorpel und Gelenkflüssigkeit elastische Puffer bilden, um ein Aneinanderreiben oder Aufeinanderstoßen der Knochen zu verhindern. Muskeln bewegen die Konstruktion und stabilisieren sie zusätzlich.

Zu 109) Was wird über die unterschiedlichen Gelenktypen gesagt?

Wie im zweiten Absatz beschrieben wird, haben sich im Lauf der Evolution unterschiedliche Gelenktypen herausgebildet, die für spezielle Belastungsformen ausgelegt sind: Die Scharniergelenke Ellenbogen und Knie erlauben Bewegungen um eine Achse und sind ansonsten starr. Das

Schulter- und das Hüftgelenk wiederum lassen sich als Kugelgelenke um alle drei Raumachsen drehen. Zweiachsige Gelenke werden im Text nicht erwähnt, doch auch sie finden sich menschlichen Körper: Ein solches sitzt beispielsweise zwischen dem Handwurzelknochen und dem Mittelhandknochen unterhalb des Daumens.

Zu 110) Wie wird die Verletzungsanfälligkeit von Gelenken eingeschätzt?

Der Verfasser des Texts hält die Gelenke aufgrund ihrer komplexen Bauweise für relativ empfindlich. Belastungen, für die sie nicht ausgelegt sind – etwa Drehungen oder Beugungen in die falsche Richtung – können demnach leicht zu Verletzungen führen: erwähnt werden Knorpelschäden, Bänderdehnungen und Bänderrisse.

Fremdsprachenkenntnisse

Englisch: Wortbedeutungen *Bearbeitungszeit 7½ Minuten*

Geben Sie die korrekte Bedeutung des englischen Wortes wieder, indem Sie jeweils den richtigen Lösungsbuchstaben markieren.

1) responsible

A. aufnahmefähig
B. verantwortlich
C. fleißig
D. entschlossen
E. umstritten

2) law

A. Gesetz
B. Erniedrigung
C. Lüge
D. Liege
E. Rasen

3) to hide

A. verzögern
B. aufsteigen
C. abschwächen
D. verbergen
E. bemängeln

4) relation

A. Beziehung
B. Entsprechung
C. Auswahl
D. Vertrauen
E. Verspätung

5) deal

A. Schwarzmarkt
B. Versicherung
C. Wahl
D. Verbrechen
E. Abkommen

6) conscience

A. Gewissen
B. Bewusstsein
C. Übereinstimmung
D. Selbstsicherheit
E. Wachsamkeit

7) ridiculous

A. ritterlich
B. extrem
C. lächerlich
D. herausragend
E. unsicher

8) incident

A. Entscheidung
B. Entzündung
C. Unentschlossenheit
D. Vorfall
E. Auffälligkeit

9) contract

A. Zusammenfassung
B. Berührung
C. Abteilung
D. Vertrag
E. Belohnung

10) to harm

A. vergnügen
B. übereinstimmen
C. verehren
D. schaden
E. vermeiden

11) bean

A. Aufenthalt
B. Fliege
C. Exil
D. Knochen
E. Bohne

12) unable

A. unnahbar
B. unvollständig
C. unfähig
D. unklar
E. unbeschwert

13) to carry something

A. etwas sammeln
B. etwas tragen
C. etwas vermeiden
D. etwas kaufen
E. sich an etwas erinnern

14) obvious

A. verdächtig
B. abwegig
C. offensichtlich
D. unentschlossen
E. absurd

15) brief

A. entfernt
B. kurz
C. schriftlich
D. persönlich
E. geschickt

Englisch: Rechtschreibung *Bearbeitungszeit 7½ Minuten*

Welche Schreibweise stimmt? Beantworten Sie bitte die folgenden Aufgaben, indem Sie jeweils den richtigen Lösungsbuchstaben markieren.

16) Wie lautet die englische Schreibweise für „Mittwoch"?

A. Wednesday
B. Wednessday
C. Wensday
D. Wenssday
E. Wednsday

17) Wie lautet die englische Schreibweise für den Monat März?

A. Match
B. Martch
C. Marce
D. March
E. Marty

18) Wie schreibt sich das englische Wort für „Vorschlag"?

A. suggestion
B. sudgestion
C. sugesstion
D. suggestien
E. sutiestion

19) Wie lautet die englische Schreibweise für „geheimnisvoll"?

A. mistyrious
B. mystyrious
C. mysterious
D. mysteries
E. misteriose

20) Wie lautet die englische Schreibweise für „enorm"?

A. anormus
B. anormous
C. enormus
D. enormous
E. enorme

21) Wie lautet die englische Schreibweise für „überwältigend"?

A. overwellming
B. overwalming
C. overwhalming
D. overwelming
E. overwhelming

22) Wie lautet die englische Schreibweise für „zornig“?

A. furius
B. furious
C. fourious
D. furyous
E. furyes

23) Wie lautet die englische Schreibweise für „Meisterschaft“?

A. championship
B. championchip
C. champienship
D. championshipp
E. chempionshipp

24) Wie schreibt sich das englische Wort für „atmen“?

A. breethe
B. breace
C. brathe
D. breathe
E. breeth

25) Wie schreibt sich das englische Wort für „Wörterbuch“?

A. diktionnary
B. dictienery
C. dictionary
D. dictyennerie
E. dictionarey

26) Wie schreibt sich das englische Wort für „Gewalt“?

A. violance
B. violense
C. vayolens
D. violence
E. vaiolanse

27) Wie lautet die englische Schreibweise für: „Der Apfel fällt nicht weit vom Stamm“?

A. Hi's a chip off the old block.
B. He's a chip off the old block.
C. He's a chip of the ald block.
D. He's a chip off the ald black.
E. Keine Antwort ist richtig.

28) Wie lautet die englische Schreibweise für: „Was Hänschen nicht lernt, lernt Hans nimmermehr“?

A. You can't teach an alt dog neu tricks.
B. You can teach an old dog neu tricks.
C. You can't teach an old dog new tricks.
D. You can teach an ald dog new tricks.
E. Keine Antwort ist richtig.

29) Wie lautet die englische Schreibweise für: „Der frühe Vogel fängt den Wurm“?

A. The earli bird catches the worm.

B. The early bird catches the worm.

C. The early birt catchs the worm.

D. The earley birt catches the worm.

E. Keine Antwort ist richtig.

30) Wie lautet die englische Schreibweise für: „Gegensätze ziehen sich an“?

A. Opposites attract.

B. Oposites attract.

C. Opposites atract.

D. Opposite attrak

E. Keine Antwort ist richtig.

Englisch: Grammatik Lückentext *Bearbeitungszeit 7½ Minuten*

Finden Sie heraus, welche Wörter in die Leerstellen eingesetzt werden müssen, damit sich ein sinnvoller Satz ergibt.

Hierzu ein Beispiel

Aufgabe

1) His _____ car is new. How much _____ it cost?

A. fathers | is
B. father's | did
C. feather's | have
D. furthers | has been
E. father's | had been

Antwort

(B.) father's | did

His father's car is new. How much did it cost?

Da Genitiven im Englischen ein „s" mit Apostroph angehängt wird, kommen nur die Möglichkeiten B, C und E in Frage. „Feather" bedeutet jedoch „Feder" und nicht etwa „Vater": Somit scheidet Satz C aus. Für die zweite Leerstelle gibt es überhaupt nur einen korrekten Vorschlag, nämlich „did": „How much is it cost?" (Antwort A) ist keine korrekte Frage, und auch „have" (Antwort C) liegt grammatikalisch falsch, da es nicht zum Subjekt „it" in der 3. Person passt. Setzt man „has been" oder „had been" ein, ist zum einen der Satzbau falsch („How much has/have been it cost?"), zum anderen stimmen die Zeitformen – present perfect progressive und past perfect progressive, beides Verlaufsformen – nicht mit „cost" überein, das nicht in einer Verlaufsform steht.

Bitte bearbeiten Sie nun die Aufgaben: Markieren Sie den Lösungsbuchstaben des einzusetzenden Ausdrucks. Sie haben dafür **7½ Minuten** Zeit.

31) __________, the better he feels.

A. If he earns more money
B. When he earns more money
C. More money he earns
D. The more money he earns
E. He makes more money

32) Yesterday he read __________.

A. a first ten pages
B. the first ten pages
C. ten pages the first
D. the ten pages first
E. first ten the pages

33) What can I __________ for you?

A. do
B. make
C. does
D. did
E. doe

34) This __________ my mother. She is 42 years old.

A. are
B. was
C. is
D. can
E. Keine Antwort ist richtig.

35) Are you on this market to __________?

A. sell or to buy
B. buy or to fly
C. black or white
D. cell or to by
E. sink or to cry

36) The children __________ at school.

A. are
B. do
C. be
D. is
E. am

37) I arrived __________ the railway station.

A. by
B. in
C. on
D. into
E. at

38) The pleasure is all __________.

A. on me
B. for my
C. on my side
D. for me
E. mine

39) She can't understand how Tom could have made ___________.

A. such a big mistake
B. such big the mistake
C. so big mistake
D. so a big mistake
E. Keine Antwort ist richtig.

40) He can read very ___________.

A. good
B. well
C. goodly
D. goodfully
E. fine

41) While I ___________ outside I saw a bird.

A. looking
B. watched
C. was looking
D. were watching
E. am seeing

42) His teacher proposed that he ___________ until he has finished his studies.

A. will stays
B. stayed
C. should stay
D. shall staying
E. Keine Antwort ist richtig.

43) Would you please ___________ write on these papers?!

A. not
B. to not
C. doesn't
D. not to
E. Keine Antwort ist richtig.

44) ___________ must David stay at home? – The next three days.

A. Why
B. Who
C. How long
D. Where
E. Might

45) ___________ you like to visit us, since your husband isn't at home this weekend?

A. Will
B. Won't
C. Wouldn't
D. Want
E. Does

Lösungen: Fremdsprachenkenntnisse

1) B	16) A	31) D
2) A	17) D	32) B
3) D	18) A	33) A
4) A	19) C	34) C
5) E	20) D	35) A
6) A	21) E	36) A
7) C	22) B	37) E
8) D	23) A	38) E
9) D	24) D	39) A
10) D	25) C	40) B
11) E	26) D	41) C
12) C	27) B	42) C
13) B	28) C	43) A
14) C	29) B	44) C
15) B	30) A	45) C

Englisch: Wortbedeutungen (Aufgaben 1–15)

Zu 1) B. verantwortlich

Zu 2) A. Gesetz

Zu 3) D. verbergen

Zu 4) A. Beziehung

Zu 5) E. Abkommen

Zu 6) A. Gewissen

Zu 7) C. lächerlich

Zu 8) D. Vorfall

Zu 9) D. Vertrag

Zu 10) D. schaden

Zu 11) E. Bohne

Zu 12) C. unfähig

Zu 13) B. etwas tragen

Zu 14) C. offensichtlich

Zu 15) B. kurz

Englisch: Rechtschreibung (Aufgaben 16–30)

Zu 16) A. Wednesday

Zu 17) D. March

Zu 18) **A.** suggestion

Zu 19) **C.** mysterious

Zu 20) **D.** enormous

Zu 21) **E.** overwhelming

Zu 22) **B.** furious

Zu 23) **A.** championship

Zu 24) **D.** breathe

Zu 25) **C.** dictionary

Zu 26) **D.** violence

Zu 27) **B.** He's a chip off the old block.

Zu 28) **C.** You can't teach an old dog new tricks.

Zu 29) **B.** The early bird catches the worm.

Zu 30) **A.** Opposites attract.

Englisch: Grammatik Lückentext (Aufgaben 31–45)

Zu 31) **D.** The more money he earns

The more money he earns, the better he feels.

Übersetzt: „Je mehr Geld er verdient, desto besser fühlt er sich." Der einzufügende Satzteil muss also die Formel „Je mehr … desto besser …" einleiten, was nur mit Antwort D gelingt.

Zu 32) **B.** the first ten pages

Yesterday he read the first ten pages.

Übersetzt: „Gestern las er die ersten zehn Seiten." Die Satzteile C und E scheiden aus, da sie grammatikalisch falsch aufgebaut sind. Antwort D könnte eine zeitliche Reihenfolge ausdrücken, wobei jedoch der bestimmte Artikel „the" stören würde: „Yesterday he read the ten pages first, afterwards he went shopping" – „Gestern las er die zehn Seiten zuerst, danach ging er einkaufen". Antwort A nutzt fälschlicherweise den unbestimmten Artikel „a" – wer ein Buch liest, beginnt jedoch mit ganz bestimmten zehn Seiten. Somit kommt nur Vorschlag B infrage.

Zu 33) **A.** do

What can I do for you?

Übersetzt: „Was kann ich für Sie tun?" Die Antworten C und D stehen der falschen Person („he does" – „er tut") bzw. zudem in der falschen Zeitform („i did" – „ich tat"). Auch Möglichkeit E scheidet aus: „doe" steht für weibliche Wildtiere. Antwort B bezöge sich schließlich auf das Herstellen einer Sache – in der alltäglichen Konversation unüblich. Somit kommt nur Antwort A infrage.

Zu 34) C. is

This is my mother. She is 42 years old.

Übersetzt: „Das ist meine Mutter. Sie ist 42 Jahre alt." Antwort D formuliert mit „can" grammatisch wie inhaltlich mangelhaft. Da das fehlende Verb im Präsens stehen muss, worauf der Folgesatz hinweist, kommt die Vergangenheitsform „was" („war") ebenfalls nicht infrage. Und weil das Subjekt in der ersten Person Singular steht, scheidet auch Möglichkeit A („are") aus. Vorschlag C stimmt.

Zu 35) A. sell or to buy

Are you on this market to sell or to buy?

Übersetzt: „Sind Sie auf diesem Markt um zu verkaufen, oder um zu kaufen?" Es geht hier weder um das Fliegen („fly", Vorschlag B) noch um das Sinken oder gar Weinen („sink or cry", Vorschlag E). Ferner verlangt die Leerstelle nach Verben, nicht nach Adjektiven wie in Lösung C („black or white" – „schwarz oder weiß") oder einem Substantiv wie in Möglichkeit D („cell" – „Zelle"). Somit kann nur Vorschlag A stimmen.

Zu 36) A. are

The children are at school.

Übersetzt: „Die Kinder sind in der Schule." Da „children" eine Mehrzahl bezeichnet, muss auch das dazugehörige Tätigkeitswort im Plural stehen – somit scheiden die Möglichkeiten C, D und E aus: „to be" ist die Grundform des Verbs („sein"), „is" steht in der 3. Person Singular („ist"), „am" ist die 1. Person Singular („bin"). Da „do" („tun", „machen") nicht in den angegebenen Satz passt, kann schließlich nur Vorschlag A korrekt sein.

Zu 37) E. at

I arrived at the railway station.

Übersetzt: „Ich kam am Bahnhof an." Mit „arrive by" würde man ausdrücken, dass man mit einem bestimmten Verkehrsmittel angekommen ist („I arrived by train"); „arrive in" könnte sich auf ein weiträumigeres Ankunftsgebiet beziehen („I arrived in London"), das hier jedoch nicht vorkommt. „Auf" dem Bahnhof anzukommen, wie es in Möglichkeit C heißt („on"), wäre sehr ungewöhnlich, und auch „into" ist falsch gewählt. „Ich kam am Bahnhof an" wird korrekt mithilfe von „at" übersetzt.

Zu 38) E. mine

The pleasure is all mine.

Übersetzt: „Die Freude ist ganz auf meiner Seite." Diese Redewendung kann nicht wörtlich ins Englische übersetzt werden, wie es Antwort C versucht. Man sagt stattdessen „die Freude ist voll und ganz meine" – „the pleasure is all mine".

Zu 39) A. such a big mistake

She can't understand how Tom could have made such a big mistake.

Übersetzt: „Sie kann nicht verstehen, wie Tom so einen großen Fehler hat machen können." Das in den Antworten C und D verwendete „so" entspricht nicht dem vergleichenden deutschen „so", sondern bedeutet „also", „damit", „dermaßen". Abgesehen davon ist die Wortstellung beide Male nicht korrekt. Vorschlag B benutzt fälschlicherweise den bestimmten Artikel „the" statt des unbestimmten „a". Somit kommt nur Möglichkeit A infrage.

Zu 40) B. well

He can read very well.

Übersetzt: „Er kann sehr gut lesen." Die englische Übersetzung für „gut" scheint zunächst sehr naheliegend, nämlich „good". Doch als Adverb – wenn etwas „gut gemacht" wird, wenn jemand „gut lesen" kann, wenn sich das „gut" also auf ein Tätigkeitswort bezieht – verwendet man nicht „good", sondern „well". Antwort C ist der unmögliche Versuch, aus „good" durch ein angefügtes „-ly" ein Adverb zu erstellen und ebenso falsch konstruiert wie „goodfully". „Fine" ist kein Adverb, bedeutet in manchen Wendungen aber auch „gut": „How are you?" – „Fine, thank you".

Zu 41) C. was looking

While I was looking outside I saw a bird.

Übersetzt: „Während ich nach draußen schaute, sah ich einen Vogel." Hier geht es um die korrekte Zeitform des richtigen Verbs: Das Signalwort „while" weist darauf hin, dass etwas passiert ist („I saw a bird"), während eine zweite Aktion im Gange war. Das Verb, das diese zweite Aktion benennt, muss daher im past progressive stehen, das nur in Antwort C korrekt gebildet wird. Darüber hinaus verwenden die Antworten B, D und E unpassende Verben: „watch" drückt eher aus, dass man etwas Bestimmtes bewusst beobachtet, das sich verändert oder bewegt, aber nicht ein allgemeines „nach draußen schauen"; „to see" wird eher dann verwendet, wenn etwas ohne besondere Absicht wahrgenommen wird („I saw a bird": Ich habe den Vogel nicht bewusst beobachtet, er kam plötzlich in mein Sichtfeld). Die adäquate Übersetzung für „sehen" lautet hier „look".

Zu 42) C. should stay

His teacher proposed that he should stay until he has finished his studies.

Übersetzt: „Sein Lehrer schlug vor, dass er bleiben solle, bis er sein Studium beendet habe." Antwort A entfällt, da „will" zum einen den Infinitiv nach sich zieht und zum anderen eine Gewissheit ausdrückt – der Lehrer hat jedoch nur etwas vorgeschlagen. Möglichkeit D nutzt fälschlicherweise die Verlaufsform „staying", und Vorschlag B unterschlägt den fälligen Konjunktiv. Somit kann nur Lösung C stimmen.

Zu 43) A. not

Would you please not write on these papers?

Übersetzt: „Würdest du/Würdet ihr bitte nicht auf die Unterlagen schreiben?" Dem Satz fehlt das englische Äquivalent zum kleinen, aber entscheidenden Wörtchen „nicht" – und das lautet kurz und simpel „not".

Zu 44) C. How long

How long must David stay at home? – The next three days.

Übersetzt: „Wie lange muss David zu Hause bleiben?" – „Die nächsten drei Tage." Antwort E scheidet aus, da die Konstruktion „Might must ..." („Dürfte / könnte muss ...") offensichtlich Unfug ist. Ebenso falsch sind die Vorschläge D und B mit den Fragewörtern „Who" („Wer") und „Where" („Wo"). Grammatisch und inhaltlich stimmig ist nur Möglichkeit C – „The next three days" („Die nächsten drei Tage") ist eine plausible Auskunft auf die mit „How long" („Wie lange") eingeleitete Frage. Ohne den Nachsatz „Die nächsten drei Tage" wäre auch Antwort A mit dem Fragewort „Why" („Warum") möglich, mit Nachsatz jedoch nicht.

Zu 45) C. Wouldn't

Wouldn't you like to visit us, since your husband isn't at home this weekend?

Übersetzt: „Hättest du nicht Lust, uns zu besuchen, da dein Mann am Wochenende nicht zuhause ist?" Antwort E entfällt bereits aufgrund der falschen Personalform (3. Person, richtig wäre 2. Person). „Want" („wollen") passt weder grammatisch noch inhaltlich in die Satzkonstruktion. „Will you" (Antwort A) bedeutet „wirst du", „won't" heißt übersetzt „wirst du nicht" – beides etwas zu forsch für eine englische Frage, die höflicherweise mit „würde" („would") gebildet wird.

Mathematik

Grundrechenarten

Bearbeitungszeit 10 Minuten

Die folgenden Aufgaben sind ohne Taschenrechner zu lösen; schriftliche Nebenrechnungen sind erlaubt.

Bearbeiten Sie bitte die folgenden Aufgaben, indem Sie jeweils den Lösungsbuchstaben des richtigen Ergebnisses bestimmen.

1) $10 + 5 \times 10 = ?$

A. 75
B. 150
C. 60
D. 90
E. Keine Antwort ist richtig.

2) $21 + 12 \times 3 = ?$

A. 99
B. 36
C. 57
D. 56
E. Keine Antwort ist richtig.

3) $6 - 3 + 2 \times 3 = ?$

A. 15
B. −15
C. 9
D. −5
E. Keine Antwort ist richtig.

4) $194.256 - 86.257 = ?$

A. 106.999
B. 107.999
C. 108.989
D. 109.979
E. Keine Antwort ist richtig.

5) $9.648 \times 7.487 = ?$

A. 71.234.576
B. 72.234.576
C. 73.334.576
D. 74.344.576
E. Keine Antwort ist richtig.

6) $12.156 \times 5.234 = ?$

A. 62.624.504
B. 63.614.504
C. 63.624.504
D. 63.623.502
E. Keine Antwort ist richtig.

7) $59.812 \times 4.589 = ?$

A. 272.476.268
B. 274.467.278
C. 274.477.268
D. 274.577.278
E. Keine Antwort ist richtig.

8) $520.668 \div 18 = ?$

A. 28.916
B. 28.926
C. 29.126
D. 29.326
E. Keine Antwort ist richtig.

9) $(6 - (3 + 2)) \times 3 = ?$

A. 3
B. 15
C. –9
D. –15
E. Keine Antwort ist richtig.

10) $(-6) \times 3 + 4 \times (-4) - 3 = ?$

A. –59
B. –53
C. +37
D. –37
E. Keine Antwort ist richtig.

Kettenrechnen

Bearbeitungszeit 15 Minuten

Bitte benutzen Sie **keinen Taschenrechner**, die **Punkt-vor-Strich-Regel gilt hier nicht!** Bearbeiten Sie bitte die folgenden Aufgaben, indem Sie jeweils das richtige Ergebnis eintragen.

11) $3 \times 6 \div 9 + 3 \times 9 \div 3 \times 2 - 3 \times 2 \div 9 =$ ______

12) $84 + 14 \div 7 + 12 \div 2 \times 7 + 8 \div 3 - 5 \times 2 + 44 =$ ______

13) $30 \div 6 + 23 + 46 - 2 \div 8 \times 9 + 9 + 909 \div 3 =$ ______

14) $1 \times 2 + 3 \times 4 - 5 \times 2 + 15 \div 9 \times 10 - 11 \div 3 =$ ______

15) $9 \times 8 \div 6 - 5 \times 7 + 6 \div 5 + 9 \times 3 \div 2 - 1 =$ ______

16) $14 \times 3 \div 6 \times 7 + 7 \div 8 + 9 \div 8 \times 7 + 9 \times 2 + 5 \div 3 =$ ______

17) $27 \div 3 + 18 \div 3 \times 2 + 118 - 30 \div 2 + 3 \div 7 \div 2 + 16 =$ ______

18) $1.550 - 26 + 12 \div 3 \times 2 \div 4 - 156 - 20 \div 16 =$ ______

19) $57 - 12 \div 9 + 12 - 3 \div 2 - 3 \times 5 + 6 \div 2 \times 3 - 3 \div 6 =$ ______

20) $2 \times 4 + 5 \times 6 - 8 \div 2 - 2 \div 3 + 4 \div 5 + 9 \times 3 + 5 - 7 \div 2 =$ ______

21) $5 \times 5 + 3 \div 4 + 2 \times 2 - 3 \times 3 \div 9 + 9 \times 6 - 6 - 8 \div 7 =$ ______

22) $9 \times 2 + 9 \div 3 \times 9 - 3 \div 6 + 15 \div 4 \times 5 + 11 \div 2 - 5 \div 6 + 78 \div 9 =$ ______

23) $24 + 17 \times 2 + 3 \div 5 + 4 \div 7 \times 2 + 19 \div 5 + 1 \times 8 + 7 =$ ______

24) $18 + 4 \div 2 + 9 - 3 \times 4 - 2 \div 2 + 2 - 5 \div 5 \times 3 \div 2 =$ ______

25) $4 + 8 \times 3 \div 6 + 9 \div 5 + 6 - 5 \times 4 + 4 \div 5 \times 6 =$ ______

Kopfrechnen

Bearbeitungszeit 10 Minuten

Im Folgenden sind einfache Rechnungen im Kopf zu lösen.

Bitte benutzen Sie **keinen Taschenrechner** und machen Sie **keine schriftlichen Nebenrechnungen**! Bearbeiten Sie die folgenden Aufgaben, indem Sie jeweils den richtigen Lösungsbuchstaben markieren.

26) $8 - 4 + 3 \times 4 = ?$

A. 4
B. 16
C. 18
D. 28
E. Keine Antwort ist richtig.

27) $(12 - (6 \div 2)) \times 4 = ?$

A. 18
B. 36
C. –9
D. –18
E. Keine Antwort ist richtig.

28) $12 - 6 \div 2 \times 4 = ?$

A. 0
B. 6
C. 12
D. –10
E. Keine Antwort ist richtig.

29) $(-4) \times 2 - (-3) \times 4 = ?$

A. 4
B. 20
C. –20
D. –56
E. Keine Antwort ist richtig.

30) $(-8) \times 3 + (-5) \times 7 = ?$

A. 59
B. 11
C. 11
D. –59
E. Keine Antwort ist richtig.

31) $554.616 - 336.113 = ?$

A. 118.403
B. 178.503
C. 208.003
D. 218.503
E. Keine Antwort ist richtig.

32) $8.948,75 + 8795,25 = ?$

A. 14.744
B. 15.844
C. 16.944
D. 17.744
E. Keine Antwort ist richtig.

33) $(-3) \times 4 + 4 \times (-4) - 4 = ?$

A. 0
B. –32
C. 32
D. 8
E. Keine Antwort ist richtig.

34) $48 \times \frac{1}{4} + \frac{3}{4} + 1.187 + 0,25 = ?$

A. 1.235,25

B. 1.187

C. 1.200

D. 1.200,25

E. 1.400

35) $(-6) \times 3 + 4 \times (-4) - 3 = ?$

A. –59

B. –53

C. 37

D. –37

E. Keine Antwort ist richtig.

Bruchrechnen

Bearbeitungszeit 10 Minuten

Dieser Abschnitt prüft die wesentlichen Zusammenhänge der Bruchrechnung. Dabei stellt der Bruchstrich nichts anderes dar als ein Teilungszeichen.

Bearbeiten Sie bitte die folgenden Aufgaben, indem Sie jeweils den richtigen Lösungsbuchstaben markieren.

36) $\frac{10}{4} - \frac{4}{2} = ?$

A. $\frac{6}{4}$

B. $\frac{1}{4}$

C. $\frac{6}{2}$

D. 0,5

E. Keine Antwort ist richtig.

37) $\frac{6}{12} + \frac{1}{4} = ?$

A. 1

B. 0,75

C. 2,5

D. 3

E. Keine Antwort ist richtig.

38) $3\frac{3}{4} \div 2\frac{1}{3} = ?$

A. 1,51

B. 1,61

C. 2,61

D. 8,75

E. Keine Antwort ist richtig.

39) $\frac{3}{4} - \frac{1}{3} = ?$

A. $\frac{5}{12}$

B. $\frac{2}{1}$

C. $\frac{2}{4}$

D. $\frac{4}{4}$

E. Keine Antwort ist richtig.

40) $\frac{1}{4} \div \frac{1}{2} = ?$

A. $\frac{1}{4}$

B. $\frac{1}{2}$

C. $\frac{3}{4}$

D. $\frac{4}{4}$

E. Keine Antwort ist richtig.

41) $\frac{3}{5} \div 5 = ?$

A. $\frac{3}{25}$

B. 3

C. $\frac{3}{1}$

D. $\frac{15}{25}$

E. Keine Antwort ist richtig.

42) $3\frac{6}{8} \times 2\frac{2}{4} = ?$

A. $\frac{75}{8}$

B. 8

C. $\frac{5}{32}$

D. $\frac{6}{32}$

E. Keine Antwort ist richtig.

43) $3\frac{7}{21} + \frac{2}{3} = ?$

A. $\frac{13}{3}$

B. 4

C. $\frac{11}{6}$

D. $\frac{3}{6}$

E. Keine Antwort ist richtig.

44) $\frac{9}{4} \times \frac{3}{7} = ?$

A. $\frac{27}{11}$

B. $\frac{27}{28}$

C. $\frac{63}{12}$

D. $\frac{12}{28}$

E. Keine Antwort ist richtig.

45) $\frac{3}{6} \div \frac{7}{4} = ?$

A. $\frac{10}{21}$

B. $\frac{7}{24}$

C. $\frac{21}{1{,}5}$

D. $\frac{2}{7}$

E. Keine Antwort ist richtig.

Rechenzeichen ergänzen

Bearbeitungszeit 10 Minuten

Welche Rechenzeichen (+, –, ×, ÷) müssen in die Felder eingefügt werden, damit das jeweilige Endergebnis stimmt?

Bedenken Sie, dass dabei die Punkt-vor-Strich-Regel gilt.

Hierzu ein Beispiel

Aufgabe

1) 2 ___ 6 ___ 3 = 15

Antwort

1) 2 × 6 + 3 = 15

Es gibt nur eine Möglichkeit, die Aufgabe korrekt zu vervollständigen.

Bearbeiten Sie bitte die folgenden Aufgaben, indem Sie jeweils die richtigen Operatoren eintragen.

46) 10 ___ 15 ___ 8 = 3

47) 12 ___ 3 ___ 4 = 9

48) 5 ___ 8 ___ 6 = 34

49) 7 ___ 2 ___ 3 = 1

50) 9 ___ 3 ___ 4 = 12

51) 17 ___ 9 ___ 3 = 11

52) 7 ___ 2 ___ 9 = 5

53) 2 ___ 3 ___ 2 = 12

54) 9 ___ 3 ___ 5 = 8

55) 7 ___ 8 ___ 4 = 5

56) 11 ___ 6 ___ 2 = 8

57) 1 ___ 4 ___ 4 = 17

58) 8 ___ 2 ___ 1 = 7

59) 14 ___ 2 ___ 7 = 4

60) 18 ___ 3 ___ 2 = 4

Vertauschte Operatoren

Bearbeitungszeit 5 Minuten

Bei dieser Aufgabe geht es um die Grundrechenarten, jedoch haben die mathematischen Zeichen eine andere Bedeutung.

Die Aufgaben sind **ohne Taschenrechner** zu lösen.

Es gilt:

$-$ bedeutet $\times$

$+$ bedeutet $\div$

$\div$ bedeutet $-$

$\times$ bedeutet $+$

Bearbeiten Sie bitte die folgenden Aufgaben, indem Sie jeweils das richtige Ergebnis eintragen.

61) $1 \times 5 =$ ________

62) $4 - 6 =$ ________

63) $7 \div 2 =$ ________

64) $15 + 3 =$ ________

65) $3 \times 8 =$ ________

66) $8 \times 2 =$ ________

67) $35 + 5 =$ ________

68) $8 - 8 =$ ________

69) $96 + 4 =$ ________

70) $102 \div 17 =$ ________

71) $20 + 5 =$ ________

72) $30 \div 15 =$ ________

73) $3 - 7 =$ ________

74) $3 \times 6 =$ ________

75) $14 + 7 =$ ________

Maßeinheiten umrechnen

Bearbeitungszeit 10 Minuten

Beantworten Sie bitte die folgenden Aufgaben, indem Sie jeweils den richtigen Lösungsbuchstaben markieren.

76) Wie viele Millimeter sind 38,4 Zentimeter?

A. 3,84
B. 384
C. 76,8
D. 3.840
E. Keine Antwort ist richtig.

77) Herr Müller möchte ein neues Logistikzentrum bauen lassen und benötigt dafür eine Grundfläche von 100 m × 80 m. Wie vielen Quadratmetern entspricht das?

A. 800 m^2
B. 8.000 m^2
C. 80.000 cm^2
D. 800.000 cm^2
E. Keine Antwort ist richtig.

78) Wie viele Kilogramm sind 0,69 Tonnen?

A. 6,9
B. 690
C. 6.900
D. 69.000
E. Keine Antwort ist richtig.

79) Die Tragkraft einer Hebebühne beträgt 1,05 Tonnen. Wie vielen Kilogramm entspricht das?

A. 105 kg
B. 1.050 kg
C. 1.500 kg
D. 15.000 kg
E. Keine Antwort ist richtig.

80) Wie viele Gramm sind 79,8 Kilogramm?

A. 798
B. 7.980
C. 15.960
D. 79.800
E. Keine Antwort ist richtig.

81) Für einen Betonboden benötigt Herr Müller 18.000 Liter Beton. Wie vielen Kubikmetern entspricht das?

A. 8 m^3
B. 18 m^3
C. 180 m^3
D. 1.800 m^3
E. Keine Antwort ist richtig.

82) Ein Lkw-Laderaum ist 6,05 m lang, 2,43 m breit und 2,35 m hoch. Welches Ladevolumen hat der Lastkraftwagen? Runden Sie das Ergebnis auf zwei Nachkommastellen.

A. 34,55 m^3
B. 345,5 m^3
C. 3.454,85 m^3
D. 34.548,53 cm^3
E. Keine Antwort ist richtig.

83) Im Nachbarort wird ein 1,7 Hektar großes Gewerbegrundstück angeboten. Wie vielen Quadratmetern entspricht das?

A. 1.700 m^2
B. 11.700 m^2
C. 17.000 m^2
D. 117.000 m^2
E. Keine Antwort ist richtig.

84) Wie viele Deziliter sind 0,25 Liter?

A. 250
B. 25
C. 2,5
D. 5
E. Keine Antwort ist richtig.

85) Wie viele Quadratmeter sind 3,5 Quadratkilometer?

A. 3.500
B. 3.500.000
C. 35.000
D. 35.000.000
E. Keine Antwort ist richtig.

Dreisatz

Bearbeitungszeit 10 Minuten

Beantworten Sie bitte die folgenden Aufgaben, indem Sie jeweils den richtigen Lösungsbuchstaben markieren.

86) Herr Mayer möchte für einen Wochenendurlaub in England einen Betrag von 260 € in Pfund tauschen. Der Wechselkurs liegt bei 1 GBP = 1,30 €. Wie viel ausländisches Geld erhält Herr Mayer?

A. 160 GBP
B. 180 GBP
C. 200 GBP
D. 220 GBP
E. Keine Antwort ist richtig.

87) In einer Goldmine werden aus einer Tonne Erz acht Gramm Gold gewonnen. Wie viel Tonnen Erz werden für fünf kg Gold benötigt?

A. 500 t
B. 550 t
C. 600 t
D. 625 t
E. Keine Antwort ist richtig.

88) Für ein Gespräch von 4 Minuten werden 3,60 € bezahlt. Wie teuer wäre ein Gespräch von 9 Minuten?

A. 6,00 €
B. 6,40 €
C. 7,60 €
D. 8,10 €
E. Keine Antwort ist richtig.

89) Die alte Produktionshalle soll einen neuen Industrieboden bekommen. Die Halle ist 8 m breit und 12 m lang. Der ausgewählte Spezialboden kostet insgesamt 11.520 €. Was kostet der Quadratmeter?

A. 80 €
B. 90 €
C. 110 €
D. 120 €
E. Keine Antwort ist richtig.

90) Herr Mayer benötigt für die Produktion von Ersatzteilen ein bestimmtes Blech. 100 Ersatzteile erfordern 1,5 Tonnen dieses Blechs. Wie viel Blech benötigt er für einen Kundenauftrag von 140 Ersatzteilen?

A. 1.600 kg
B. 1.700 kg
C. 2.100 kg
D. 2.600 kg
E. Keine Antwort ist richtig.

91) Für das Abladen eines Sattelzuges setzt Herr Mayer gewöhnlich acht Arbeiter gleichzeitig ein, die sechs Stunden benötigen. Wegen eines Engpasses kann Herr Mayer dieses Mal nur sechs Arbeiter für das Abladen einsetzen. Wie viel Stunden benötigen sechs Arbeiter für die gleiche Arbeit?

A. 8
B. 10
C. 12
D. 14
E. Keine Antwort ist richtig.

92) Ein Kundenauftrag erfordert unter dem Einsatz von zehn Mitarbeitern 20 Arbeitstage. Wie lange dauert die Fertigstellung des Auftrages, wenn zwei Mitarbeiter krankheitsbedingt ausfallen?

A. 21 Tage
B. 22 Tage
C. 23 Tage
D. 25 Tage
E. Keine Antwort ist richtig.

93) Herr Mayer steht unter Zeitdruck und muss einen wichtigen Auftrag pünktlich fertigstellen. Die Bearbeitung von 200 Blechteilen erfordert 24 Mitarbeiter für genau 14 Tage. Wie viele Mitarbeiter muss Herr Mayer einsetzen, um nach 12 Tagen pünktlich fertig zu werden?

A. 25 Mitarbeiter
B. 26 Mitarbeiter
C. 27 Mitarbeiter
D. 28 Mitarbeiter
E. Keine Antwort ist richtig.

94) In einer Lagerhalle werden 500 Glühbirnen mit 50 Watt Stundenleistung je Glühbirne täglich 8 Stunden eingesetzt. Um den Energieverbrauch zu senken, möchte Firmenchef Müller in Zukunft die gleiche Anzahl an Energiesparlampen mit einer Leistung von 10 Watt pro Stück nur sechs Stunden täglich einsetzen. Wie viel Kilowattstunden spart Herr Müller durch die Umstellung täglich?

A. 170.000 kWh
B. 170 kWh
C. 160 kWh
D. 150 kWh
E. Keine Antwort ist richtig.

95) Für die Produktion von 120 Maschinen setzt Herr Mayer 20 Mitarbeiter sechs Stunden lang ein. Für einen weiteren Auftrag über 100 Maschinen stehen 10 Mitarbeiter zur Verfügung. Welche Zeit benötigen die 10 Mitarbeiter für den zweiten Auftrag?

A. 5 h
B. 6 h
C. 8 h
D. 10 h
E. Keine Antwort ist richtig.

Prozentrechnen

Bearbeitungszeit 10 Minuten

Bei der Prozentrechnung sind drei Größen zu beachten: der Prozentsatz, der Prozentwert und der Grundwert. Zwei dieser Größen müssen gegeben sein, um die dritte Größe berechnen zu können.

Beantworten Sie bitte die folgenden Aufgaben, indem Sie jeweils den richtigen Lösungsbuchstaben markieren.

96) Herr Mayer hat für die Betriebsratsversammlung einen Raum inklusive Bewirtung angemietet. Da Herr Mayer ein Stammkunde ist, erhält er das Angebot abzüglich 10 Prozent Rabatt für 3.600 €. Wie viel Euro hätte Herr Mayer regulär zahlen müssen?

A. 3.500 €
B. 4.000 €
C. 4.500 €
D. 5.500 €
E. Keine Antwort ist richtig.

97) Herr Mayer möchte einen gebrauchten Pkw für 12.000 € erwerben. Da Herr Mayer ein guter Kunde ist, bekommt er einen Rabatt von 8 Prozent. Wie viel Euro spart er durch den Rabatt?

A. 500 €
B. 960 €
C. 1.000 €
D. 1.200 €
E. Keine Antwort ist richtig.

98) Wie viel Prozent müsste eine Gehaltserhöhung betragen, wenn Herr Schneider anstatt 3.000 € jetzt 3.600 € verdienen wollte?

A. 10 %
B. 15 %
C. 20 %
D. 25 %
E. Keine Antwort ist richtig.

99) Herr Mayer kalkuliert die Preise für einen Kundenauftrag. Er zahlt für einen Stahlträger 37,50 € und möchte 40 Prozent Gewinn auf seinen gesamten Kapitaleinsatz erzielen. Wie hoch muss der Verkaufspreis pro Stahlträger sein, wenn er noch 2,50 € sonstige Kosten pro Stahlträger hat?

A. 40 €
B. 52 €
C. 56 €
D. 62 €
E. Keine Antwort ist richtig.

100) Herr Mayer möchte eine Maschine für 16.000 € erwerben. Wie viel Euro würde Herr Mayer bei einem Rabatt von 15 Prozent sparen?

A. 2.440 €
B. 2.250 €
C. 2.400 €
D. 2.450 €
E. Keine Antwort ist richtig.

101) Bei der Betriebsratswahl der Max Mayer Einzelhandelsgesellschaft sind von 100 Beschäftigten 85 Prozent wahlberechtigt. Wie viele Beschäftigte dürfen wählen?

A. 60 Beschäftigte
B. 70 Beschäftigte
C. 75 Beschäftigte
D. 85 Beschäftigte
E. Keine Antwort ist richtig.

102) Die Mayer Industriegesellschaft produziert in einem Jahr 14.000 Stahlträger. Davon werden 4.200 Stück ins Ausland exportiert. Wie viel Prozent beträgt der Exportanteil?

A. 20 %
B. 25 %
C. 30 %
D. 40 %
E. Keine Antwort ist richtig.

103) Die Max Mayer Industriegesellschaft beschäftigt 1.500 Mitarbeiter. Im Durchschnitt sind 8 % der Belegschaft krank. Wie viele Beschäftigte sind im Durchschnitt krank?

A. 80 Beschäftigte
B. 100 Beschäftigte
C. 120 Beschäftigte
D. 150 Beschäftigte
E. Keine Antwort ist richtig.

104) Herr Mayer hat die im Lager eingesetzten Maschinen angemietet. Nach einer fünfprozentigen Mietpreiserhöhung erhöht sich der Betrag an Mietaufwand für Maschinen um 80 €. Wie hoch ist der neue Mietpreis für die Maschinen?

A. 1.200 €
B. 1.400 €
C. 1.680 €
D. 1.600 €
E. Keine Antwort ist richtig.

105) Das Bruttogewicht einer Lieferung beträgt inklusive Verpackung 52,5 kg. Der Gewichtsanteil der Verpackung liegt bei fünf Prozent des Nettogewichts der Ware. Wie viel wiegt die Ware netto (ohne Verpackung)?

A. 45 kg
B. 50 kg
C. 55 kg
D. 60 kg
E. Keine Antwort ist richtig.

Gemischte Textaufgaben *Bearbeitungszeit 10 Minuten*

Beantworten Sie bitte die folgenden Aufgaben, indem Sie jeweils den richtigen Lösungsbuchstaben markieren.

106) Herr Mayer möchte den durchschnittlichen Zeitbedarf für das Auszeichnen einer Standardlieferung ermitteln. Dazu ermittelt er während einer Woche folgende Zeiten:

Mo	Di	Mi	Do	Fr
3 h	4 h	5 h	6 h	7 h

Wie hoch ist der durchschnittliche Zeitbedarf zum Auszeichnen einer Standardlieferung?

A. 4 h
B. 4,5 h
C. 5 h
D. 5,5 h
E. Keine Antwort ist richtig.

107) Für 3¼ Liter Frischmilch hat Familie Mayer 5,85 € bei Bauer Schulze bezahlt. Wie viel kostet der Liter?

A. 1,25 €
B. 1,45 €
C. 1,58 €
D. 1,80 €
E. Keine Antwort ist richtig.

108) Der Auszubildende Müller möchte für ein Auszubildenden-Frühstück eine bestimmte Sorte Wurst organisieren. Die Waage zeigt bei einem Gewicht von 750 g einen Preis von 5,10 € an. Welcher kg-Preis ist in der Waage hinterlegt?

A. 5 €
B. 6,80 €
C. 8,80 €
D. 9 €
E. Keine Antwort ist richtig.

109) Herr Müller erzielt einen Jahresumsatz von 5.000.000 €. Seine beiden Konkurrenten erwirtschaften einen Umsatz von 6.642.000 € und 3.358.000 €. Um wie viel muss Herr Müller seinen Umsatz steigern, um den gemeinsamen Umsatz der beiden Konkurrenten zu erreichen?

A. 20 %
B. 40 %
C. 60 %
D. 100 %
E. Keine Antwort ist richtig.

110) Herr Müller möchte eine Geschenkbox mit einhundert 10-Cent-Stücken und Sand befüllen. Da die Bank nicht ausreichend 10-Cent-Stücke vorrätig hat, muss Herr Müller auf 20-Cent-Stücke ausweichen. Mit wie vielen 20-Cent-Stücken kann Herr Müller die Geschenkbox befüllen, wenn sie im Wert gleich bleiben soll?

A. 10
B. 15
C. 50
D. 5
E. Keine Antwort ist richtig.

111) Wenn Herr Mayer mit einer Durchschnittsgeschwindigkeit von 160 km/h fährt, kann er mit einem vollen 80-Liter-Tank 800 km weit fahren. Wie viel Liter verbraucht das Fahrzeug auf 100 km bei einer Durchschnittsgeschwindigkeit von 160 km/h?

A. 8,25 Liter
B. 7,25 Liter
C. 10,00 Liter
D. 9,00 Liter
E. Keine Antwort ist richtig.

112) Eine Straße wird von beiden Enden gleichzeitig gebaut. Vom einen Ende werden täglich fünf Meter und vom anderen Ende sieben Meter fertig gestellt. Nach wie viel Tagen ist der Straßenbau beendet, wenn 1.200 Meter zu fertigen sind?

A. 70 Tage
B. 90 Tage
C. 100 Tage
D. 120 Tage
E. Keine Antwort ist richtig.

113) Müller Junior möchte einen neuen Computer für 1.280 € kaufen. Hierfür hat er bereits einen Teil des Kaufpreises gespart. Die Eltern steuern das Doppelte von dem, was Müller Junior bisher gespart hat, dazu. Nun fehlen Müller Junior nur noch 80 €. Welchen Betrag hat Müller Junior bereits gespart?

A. 450 €
B. 400 €
C. 600 €
D. 480 €
E. Keine Antwort ist richtig.

114) Zwei Freunde fahren zeitgleich mit dem Fahrrad von zu Hause los und treffen sich nach 30 Minuten. Der eine Freund erreicht 30 km/h, der andere nur 20 km/h Durchschnittsgeschwindigkeit. Wie weit voneinander entfernt wohnen die beiden Freunde?

A. 20 km
B. 25 km
C. 15 km
D. 10 km
E. Keine Antwort ist richtig.

115) Die Max Mayer Industriegesellschaft erhält eine Lieferung von 240 Kupferblechen. Davon sind ⅕ beschädigt und ¼ haben die falsche Größe. Wie viele Kupferbleche müssen zurückgeschickt werden?

A. 96 Stück
B. 102 Stück
C. 108 Stück
D. 120 Stück
E. Keine Antwort ist richtig.

Mathematische Kniffeleien *Bearbeitungszeit 10 Minuten*

Nun besteht die Herausforderung darin, die im Text enthaltenen Angaben in die richtige mathematische Form zu bringen.

Beantworten Sie bitte die folgenden Aufgaben, indem Sie jeweils den richtigen Lösungsbuchstaben markieren.

116) Addieren Sie die Zahlenreihe. Wie lautet die Summe der fünf Zahlen?

9 12 6 7 11

A. 35
B. 43
C. 45
D. 42
E. Keine Antwort ist richtig.

117) Teilen Sie die Zahl 40 durch 0,5 und zählen Sie 20 dazu. Welches Ergebnis erhalten Sie?

A. 40
B. 60
C. 80
D. 100
E. Keine Antwort ist richtig.

118) Ein Eis mit Sahne kostet 5 Euro. Das Eis ist 4 Euro teurer als die Sahne. Was kostet die Sahne?

A. 0,25 €
B. 0,50 €
C. 1 €
D. 1,50 €
E. Keine Antwort ist richtig.

119) Zwei Ziegen und drei Schafe wiegen zusammen 40 kg. Drei Ziegen und zwei Schafe wiegen zusammen 45 kg. Wie schwer ist ein Schaf?

A. 6 kg
B. 4 kg
C. 11 kg
D. 8 kg
E. Keine Antwort ist richtig.

120) Dreht man den Wasserhahn auf, dauert es 20 Sekunden, bis das Waschbecken voll ist. Wird nun der Stöpsel gezogen, ist das Becken nach 30 Sekunden wieder leer. Wie lange dauert das Füllen des Beckens mit aufgedrehtem Hahn und gezogenem Stöpsel?

A. 40 Sekunden
B. 60 Sekunden
C. 90 Sekunden
D. Das Becken lässt sich mit gezogenem Stöpsel nicht füllen.
E. Keine Antwort ist richtig.

121) Auszubildender Müller schreibt eine Klassenarbeit und fand, dass ¼ der Aufgaben sehr schwer waren und ⅕ sehr leicht. Wie viel Prozent der Aufgaben lagen dazwischen?

A. 45 %
B. 50 %
C. 55 %
D. 60 %
E. Keine Antwort ist richtig.

122) Auszubildender Müller soll ein 1 Meter langes Stück Holz in zwei Teile zerlegen. Das kürzere Stück soll ¼ der Länge des größeren Stücks haben. Wie lang ist das kürzere Stück?

A. 25 cm
B. 20 cm
C. 15 cm
D. 10 cm
E. Keine Antwort ist richtig.

123) Entlang der Zielgeraden einer Rennstrecke stehen in gleichmäßigen Abständen Streckenposten. Der erste und der dritte Posten stehen 150 Meter auseinander. Wie weit ist der erste vom vierten Posten entfernt?

A. 175 Meter
B. 200 Meter
C. 225 Meter
D. 250 Meter
E. Keine Antwort ist richtig.

124) Addiert man zu einer Zahl vier und multipliziert die Summe mit vier, so erhält man die Zahl 60. Welche Zahl wird gesucht?

A. 6
B. 8
C. 11
D. 9
E. Keine Antwort ist richtig.

125) Energie lässt sich physikalisch verstehen als Fähigkeit, Arbeit zu verrichten. Die Hubarbeit beispielsweise ist definiert als die Arbeit, die an einem ruhenden Körper der Masse m verrichtet werden muss, um ihn in einem Schwerefeld mit der Fallbeschleunigung g um die Hubhöhe h zu bewegen. Die Formel für Hubarbeit lautet:

$$W_{Hub} = m \times g \times h$$

Die Einheit der Arbeit ist das Newtonmeter:

$$1\text{Nm} = 1\frac{m^2 kg}{s^2}$$

Wie wird demnach der Faktor g angegeben?

A. In $\frac{m}{s}$

B. In $\frac{m}{s^2}$

C. In $\frac{s^2 kg}{m}$

D. In $\frac{kg}{s^2}$

E. In $m^2 kg$

Tabellen auswerten *Bearbeitungszeit 5 Minuten*

Welche Informationen liefert die Tabelle?

Bitte analysieren Sie die Angaben und beantworten Sie die nachfolgenden Aufgaben, indem Sie jeweils den richtigen Buchstaben markieren.

Haushaltspläne der Bundesrepublik Deutschland für die Jahre 2020 und 2021

Ausgaben pro Ressort in Millionen Euro

Ressort	2020	2021
Bundesministerium für Arbeit und Soziales	159.176	175.131
Bundesministerium der Verteidigung	46.114	47.237
Bundesschuld	6.995	4.608
Bundesministerium für Verkehr und digitale Infrastruktur	30.324	37.210
Bundesministerium für Bildung und Forschung	19.541	19.761
Allgemeine Finanzverwaltung	66.084	143.271
Bundesministerium für Gesundheit	36.266	48.437
Bundesministerium für Familie, Senioren, Frauen und Jugend	14.595	12.975
Bundesministerium des Innern	14.427	16.184
Bundesministerium für Wirtschaft und Energie	8.781	7.850
Sonstiges	41.129	44.429
Ausgaben gesamt	**443.432**	**557.093**

Quelle: Bundesministerium der Finanzen

126) Wie hoch waren die Gesamtausgaben der Bundesrepublik Deutschland im Jahr 2021?

A. 437,6 Mrd. €
B. 557,1 Mio. €
C. 557,1 Mrd. €
D. 543,2 Mrd. €
E. Keine Antwort ist richtig.

127) Welcher Betrag wurde 2021 für die Tilgung von Schulden gezahlt?

A. 5,227 Mrd. €
B. 5,227 Mio. €
C. 4,608 Mrd. €
D. 4,608 Mio. €
E. Keine Antwort ist richtig.

128) Wie viel Prozent des gesamten Bundeshaushaltes machten 2021 die Ausgaben für Arbeit und Soziales aus? Runden Sie Ihr Ergebnis auf ganze Zahlen.

A. 20 %
B. 36 %
C. 40 %
D. 31 %
E. Keine Antwort ist richtig.

129) Um wie viel Prozent stiegen die Ausgaben für das Bundesministerium der Verteidigung von 2020 bis 2021?

A. Rund 2,2 %
B. Rund 2,4 %
C. Rund 3,1 %
D. Rund 3,3 %
E. Keine Antwort ist richtig.

130) Welche Ausgaben bildeten im Bundeshaushalt 2021 den viertgrößten Posten?

A. Ausgaben für Arbeit und Soziales
B. Ausgaben für Zinsen und Tilgung
C. Ausgaben für die Verteidigung
D. Ausgaben für die Finanzverwaltung
E. Keine Antwort ist richtig.

Mengenkalkulation *Bearbeitungszeit 5 Minuten*

Zur Herstellung eines Fertigerzeugnisses f braucht man verschiedene Einzelteile. Das folgende Schaubild gibt Aufschluss über die benötigten Teile t, die wiederum bestimmte Elemente e beinhalten.

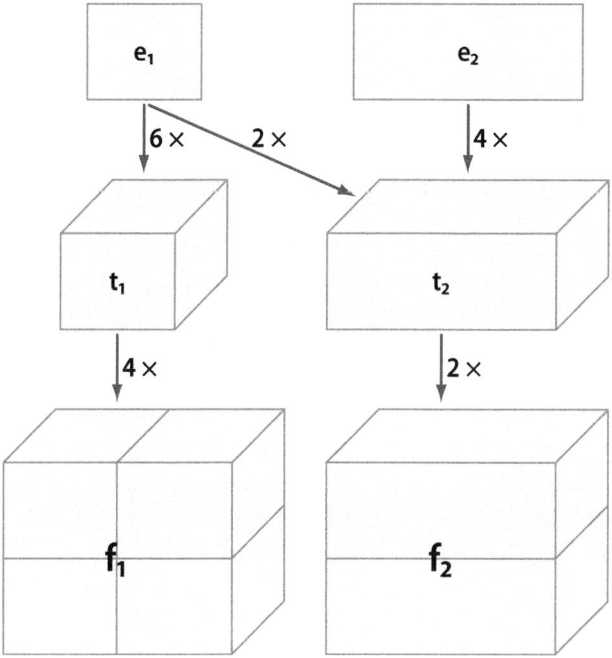

Hinweis: e = Elemente in Stk. | t = Teile in Stk. | f = Fertigerzeugnisse in Stk.

131) Wie viele Elemente e werden für die Herstellung von t_2 insgesamt benötigt?

A. 3
B. 4
C. 5
D. 6
E. Keine Antwort ist richtig.

132) Wie viele Elemente e_1 werden für die Herstellung dieses Erzeugnisses insgesamt benötigt?

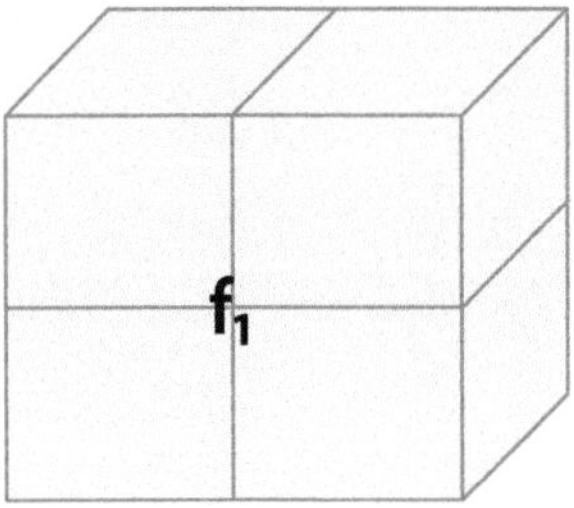

A. 6
B. 10
C. 24
D. 48
E. Keine Antwort ist richtig.

133) Wie viele Elemente e_1 werden für die Herstellung dieses Erzeugnisses benötigt?

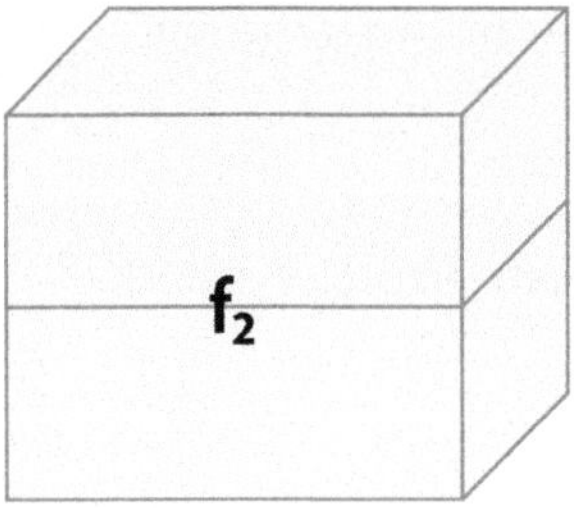

A. 2
B. 4
C. 6
D. 24
E. Keine Antwort ist richtig.

134) Wie viele Elemente e_1 und e_2 werden für die Herstellung dieses Erzeugnisses benötigt?

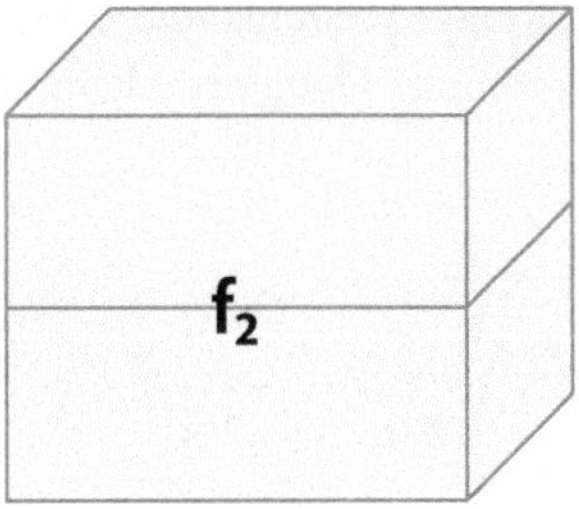

A. 4 e_1 und 8 e_2
B. 4 e_1 und 4 e_2
C. 8 e_1 und 4 e_2
D. 8 e_1 und 8 e_2
E. Keine Antwort ist richtig.

135) Wie viele Elemente e_1 werden für die Herstellung dieses Erzeugnisses benötigt?

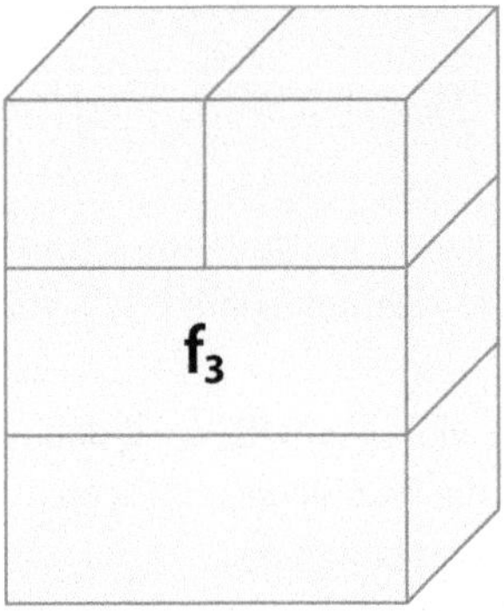

A. 4
B. 12
C. 16
D. 24
E. Keine Antwort ist richtig.

Diagramm-Aufgaben

Bearbeitungszeit 5 Minuten

Welche Informationen liefert das Diagramm?

Bitte analysieren Sie das Schaubild und beantworten Sie die nachfolgenden Aufgaben, indem Sie jeweils den richtigen Buchstaben markieren.

Eisenbahn-Güterverkehr in Deutschland

Hauptverkehrsverbindungen 2020 und 2021, Angaben in Kilotonnen/kt (1.000 Tonnen)

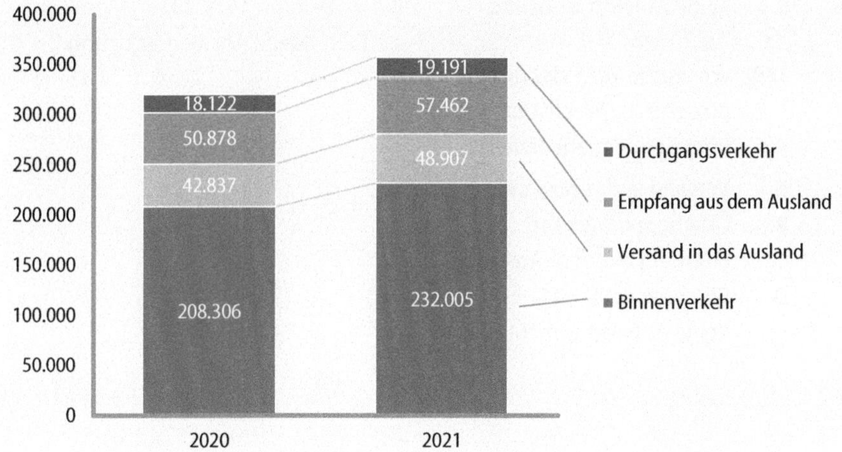

Quelle: Statistisches Bundesamt

136) Wie viel Kilotonnen Güter wurden 2021 auf dem deutschen Schienennetz insgesamt befördert?

A. 363.260
B. 361.332
C. 357.565
D. 352.300
E. Keine Antwort ist richtig.

137) Wie viel Kilotonnen Güter wurden 2020 auf dem deutschen Schienennetz durchschnittlich pro Monat befördert?

A. Rund 70.500 Kilotonnen
B. Rund 26.679 Kilotonnen
C. Rund 15.040 Kilotonnen
D. Rund 29.827 Kilotonnen
E. Keine Antwort ist richtig.

138) Um wie viel Prozent hat sich das Güteraufkommen 2021 gegenüber dem Vorjahr verändert?

A. Um −12,17 Prozent
B. Um +10,47 Prozent
C. Um −10,32 Prozent
D. Um +14,61 Prozent
E. Keine Antwort ist richtig.

139) Wo wurde 2021 das größte prozentuale Wachstum gegenüber dem Vorjahr erzielt?

A. Versand in das Ausland
B. Durchgangsverkehr
C. Empfang aus dem Ausland
D. Binnenverkehr
E. Keine Antwort ist richtig.

140) Im Durchgangsverkehr wurde 2020 eine Steigerung um 24,7 Prozent zum Vorjahr verzeichnet. Wie viel Kilotonnen Güter wurden 2019 befördert?

A. Rund 13.452 kt
B. Rund 14.532 kt
C. Rund 15.366 kt
D. Rund 14.008 kt
E. Keine Antwort ist richtig.

Geometrie

Bearbeitungszeit 5 Minuten

Nun müssen Sie geometrische Zusammenhänge untersuchen.

Beantworten Sie bitte die folgenden Aufgaben, indem Sie jeweils den richtigen Lösungsbuchstaben markieren.

141) Wie groß ist das Volumen des abgebildeten Quaders?

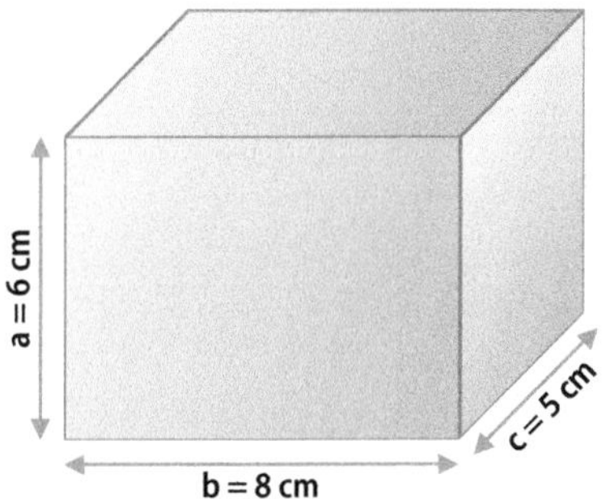

A. 48 cm^3
B. 88 cm^3
C. 216 cm^3
D. 240 cm^3
E. Keine Antwort ist richtig.

142) Ein Kreis hat einen Durchmesser von 20 Metern. Wie groß ist sein Flächeninhalt? Der Flächeninhalt eines Kreises berechnet sich nach der Formel: $A = \pi \times r^2$.

A. 400 m^2
B. 314 m^2
C. 3.256 m^2
D. 3.640 m^2
E. 269 m^2

143) Welches Volumen hat eine zylindrische Dose mit einem Durchmesser von 5 Zentimetern und einer Höhe von 10 Zentimetern? Der Rauminhalt von Zylindern berechnet sich nach der Formel: $V = \pi \times r^2 \times h$.

A. Rund 158 cm^3
B. Rund 253 cm^3
C. Rund 196 cm^3
D. Rund 250 cm^3
E. Rund 50 cm^3

144) Welche Länge hat die Seite c im abgebildeten Dreieck?

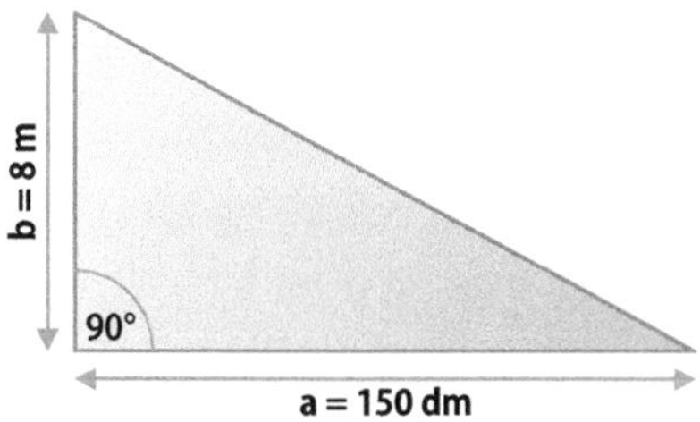

A. 166 dm
B. Rund 18 m
C. 195 dm
D. 17 m
E. Rund 184 dm

145) Herr Kerner legt seinen Garten neu an und lässt sich 4,5 Kubikmeter Erde liefern, die auf die Gartenfläche verteilt eine Schicht von 15 Zentimetern Dicke ergeben. Wie groß ist die Fläche seines Gartens?

A. 56 m^2
B. 42 m^2
C. 30 m^2
D. 67,5 m^2
E. 45 m^2

Lösungen: Mathematik

1) C	31) D	61) 6
2) C	32) D	62) 24
3) C	33) B	63) 5
4) B	34) C	64) 5
5) B	35) D	65) 11
6) C	36) D	66) 10
7) C	37) B	67) 7
8) B	38) B	68) 64
9) A	39) A	69) 24
10) D	40) B	70) 85
11) 6	41) A	71) 4
12) 100	42) A	72) 15
13) 333	43) B	73) 21
14) 13	44) B	74) 9
15) 29	45) D	75) 2
16) 17	46) − | +	76) B
17) 20	47) × | ÷	77) B
18) 5	48) × | −	78) B
19) 6	49) − | ×	79) B
20) 17	50) ÷ | ×	80) D
21) 10	51) − | +	81) B
22) 9	52) × | −	82) A
23) 55	53) × | ×	83) C
24) 9	54) ÷ | +	84) C
25) 24	55) − | ÷	85) B
26) B	56) − | ÷	86) C
27) B	57) + | ×	87) D
28) A	58) − | +	88) D
29) A	59) × | ÷	89) D
30) D	60) ÷ | −	90) C

91) A	110) C	129) B
92) D	111) C	130) C
93) D	112) C	131) D
94) B	113) B	132) C
95) D	114) B	133) B
96) B	115) C	134) A
97) B	116) C	135) C
98) C	117) D	136) C
99) C	118) B	137) B
100) C	119) A	138) B
101) D	120) B	139) A
102) C	121) C	140) B
103) C	122) B	141) D
104) C	123) C	142) B
105) B	124) C	143) C
106) C	125) B	144) D
107) D	126) C	145) C
108) B	127) C	
109) D	128) D	

Grundrechenarten (Aufgaben 1–10)

Zu 1) C. 60

Es gilt die Punkt-vor-Strich-Regel.

$10 + 5 \times 10 = ?$

$10 + 50 = 60$

Zu 2) C. 57

$12 \times 3 = 36 + 21 = 57$

Zu 3) C. 9

Beachten Sie die Punkt-vor-Strich-Regel.

$6 - 3 + 2 \times 3 = 6 - 3 + 6 = 9$

Zu 4) B. 107.999

```
   194.256
–   86.257
-    11 11
----------
=  107.999
```

Zu 5) **B.** 72.234.576

$$
\begin{array}{lr}
 & 9648 \times 7487 \\
\hline
 & 67536000 \\
+ & 3859200 \\
+ & 771840 \\
+ & 67536 \\
+ & 12221 \\
\hline
= & 72234576
\end{array}
$$

Zu 6) **C.** 63.624.504

$$
\begin{array}{lr}
 & 12156 \times 5234 \\
\hline
 & 60780000 \\
+ & 2431200 \\
+ & 364680 \\
+ & 48624 \\
+ & 12111 \\
\hline
= & 63624504
\end{array}
$$

Zu 7) **C.** 274.477.268

$$
\begin{array}{lr}
 & 59812 \times 4589 \\
\hline
 & 239248000 \\
+ & 29906000 \\
+ & 4784960 \\
+ & 538308 \\
+ & 22121 \\
\hline
= & 274477268
\end{array}
$$

Zu 8) **B.** 28.926

$$
\begin{array}{l}
520668 \div 18 = 28926 \\
\underline{36} \\
160 \\
\underline{144} \\
166 \\
\underline{162} \\
46 \\
\underline{36} \\
108 \\
\underline{108} \\
0
\end{array}
$$

Zu 9) **A.** 3

Beachten Sie, dass erst die Klammern berechnet werden müssen, angefangen bei der kleinen bis zur großen Klammer.

$(6 - (3 + 2)) \times 3 = (6 - 5) \times 3 = 1 \times 3 = 3$

Zu 10) **D.** –37

Beachten Sie die Punkt-vor-Strich-Regel.

$-6 \times 3 = -18$

$4 \times (-4) = -16$

$-18 + (-16 - 3) = -18 - 19 = -37$

Kettenrechnen (Aufgaben 11–25)

Zu 11) $3 \times 6 \div 9 + 3 \times 9 \div 3 \times 2 - 3 \times 2 \div 9 = \boldsymbol{6}$

Zu 12) $84 + 14 \div 7 + 12 \div 2 \times 7 + 8 \div 3 - 5 \times 2 + 44 = \boldsymbol{100}$

Zu 13) $30 \div 6 + 23 + 46 - 2 \div 8 \times 9 + 9 + 909 \div 3 = \boldsymbol{333}$

Zu 14) $1 \times 2 + 3 \times 4 - 5 \times 2 + 15 \div 9 \times 10 - 11 \div 3 = \boldsymbol{13}$

Zu 15) $9 \times 8 \div 6 - 5 \times 7 + 6 \div 5 + 9 \times 3 \div 2 - 1 = \mathbf{29}$

Zu 16) $14 \times 3 \div 6 \times 7 + 7 \div 8 + 9 \div 8 \times 7 + 9 \times 2 + 5 \div 3 = \mathbf{17}$

Zu 17) $27 \div 3 + 18 \div 3 \times 2 + 118 - 30 \div 2 + 3 \div 7 \div 2 + 16 = \mathbf{20}$

Zu 18) $1.550 - 26 + 12 \div 3 \times 2 \div 4 - 156 - 20 \div 16 = \mathbf{5}$

Zu 19) $57 - 12 \div 9 + 12 - 3 \div 2 - 3 \times 5 + 6 \div 2 \times 3 - 3 \div 6 = \mathbf{6}$

Zu 20) $2 \times 4 + 5 \times 6 - 8 \div 2 - 2 \div 3 + 4 \div 5 + 9 \times 3 + 5 - 7 \div 2 = \mathbf{17}$

Zu 21) $5 \times 5 + 3 \div 4 + 2 \times 2 - 3 \times 3 \div 9 + 9 \times 6 - 6 - 8 \div 7 = \mathbf{10}$

Zu 22) $9 \times 2 + 9 \div 3 \times 9 - 3 \div 6 + 15 \div 4 \times 5 + 11 \div 2 - 5 \div 6 + 78 \div 9 = \mathbf{9}$

Zu 23) $24 + 17 \times 2 + 3 \div 5 + 4 \div 7 \times 2 + 19 \div 5 + 1 \times 8 + 7 = \mathbf{55}$

Zu 24) $18 + 4 \div 2 + 9 - 3 \times 4 - 2 \div 2 + 2 - 5 \div 5 \times 3 \div 2 = \mathbf{9}$

Zu 25) $4 + 8 \times 3 \div 6 + 9 \div 5 + 6 - 5 \times 4 + 4 \div 5 \times 6 = \mathbf{24}$

Kopfrechnen (Aufgaben 26–35)

Zu 26) B. 16

Beachten Sie die Punkt-vor-Strich-Regel.

$8 - 4 + 3 \times 4 = 8 - 4 + 12 = 16$

Zu 27) B. 36

Zuerst sind die Klammern auszurechnen – angefangen bei der kleinen Klammer.

$(12 - (6 \div 2)) \times 4 = (12 - 3) \times 4 = 9 \times 4 = 36$

Zu 28) A. 0

Beachten Sie die Punkt-vor-Strich-Regel.

$12 - 6 \div 2 \times 4 = 12 - 3 \times 4 = 12 - 12 = 0$

Zu 29) A. 4

Beachten Sie die Punkt-vor-Strich-Regel.

$-4 \times 2 = -8$

$(-3) \times 4 = -12$

$-8 - (-12) = 4$

Zu 30) D. –59

Beachten Sie die Punkt-vor-Strich-Regel.

$-8 \times 3 = -24$

$(-5) \times 7 = -35$

$-24 + (-35) = -59$

Zu 31) D. 218.503

$$\begin{array}{rr} & 554.616 \\ - & 336.113 \\ - & 1 \\ \hline = & 218.503 \end{array}$$

Zu 32) D. 17.744

$$\begin{array}{rr} & 8.948,75 \\ + & 8.795,25 \\ + & 1\ 1\ 1\ 1\ \ 1 \\ \hline = & 17.744,00 \end{array}$$

Zu 33) B. –32

Beachten Sie die Punkt-vor-Strich-Regel und berücksichtigen Sie die entsprechenden Vorzeichen.

$-3 \times 4 + 4 \times (-4) - 4 = -12 - 16 - 4$
$= -32$

Zu 34) C. 1.200

Es gilt die Punkt-vor-Strich-Regel. Rechnen Sie wie folgt:

$$48 \times \frac{1}{4} = 12$$

$$\frac{3}{4} + 0{,}25 = 1$$

$12 + 1 + 1.187 = 1.200$

Zu 35) D. –37

Beachten Sie die Punkt-vor-Strich-Regel.

$-6 \times 3 = -18$

$4 \times (-4) = -16$

$-18 + (-16 - 3) = -18 - 19 = -37$

Bruchrechnen (Aufgaben 36–45)

Zu 36) D. 0,5

Brüche werden subtrahiert, indem man den kleinsten gemeinsamen Nenner findet, die Zähler subtrahiert und den Nenner beibehält. Das Ergebnis ist hier in Dezimalform zu bringen:

$$\frac{10}{4} - \frac{4}{2} = \frac{10}{4} - \frac{8}{4} = \frac{2}{4} = \frac{1}{2} = 0{,}5$$

Zu 37) B. 0,75

Brüche werden addiert, indem man den gemeinsamen Nenner findet, die Zähler addiert und den Nenner behält. Das Ergebnis ist so weit wie möglich zu kürzen:

$$\frac{6}{12} + \frac{1}{4} = \frac{2}{4} + \frac{1}{4} = \frac{3}{4} = 0{,}75$$

Zu 38) B. 1,61

Brüche werden dividiert, indem man mit dem Kehrwert multipliziert. Das Ergebnis ist hier in Dezimalform zu bringen.

$$3\frac{3}{4} \div 2\frac{1}{3} = \frac{15}{4} \div \frac{7}{3} = \frac{15}{4} \times \frac{3}{7} = \frac{45}{28} = 1{,}61$$

Zu 39) A. $\frac{5}{12}$

Brüche werden subtrahiert, indem man den gemeinsamen Nenner findet, diesen beibehält und die Zähler voneinander subtrahiert. Das Ergebnis ist so weit wie möglich zu kürzen:

$$\frac{3}{4}-\frac{1}{3}=\frac{9}{12}-\frac{4}{12}=\frac{5}{12}$$

Zu 40) B. $\frac{1}{2}$

Brüche werden dividiert, indem man mit dem Kehrwert multipliziert. Das Ergebnis ist so weit wie möglich zu kürzen:

$$\frac{1}{4}\div\frac{1}{2}=\frac{1}{4}\times\frac{2}{1}=\frac{2}{4}=\frac{1}{2}$$

Zu 41) A. $\frac{3}{25}$

Ein Bruch wird durch eine ganze Zahl dividiert, indem man die ganze Zahl mit dem Nenner des Bruches multipliziert und den Zähler beibehält. Das Ergebnis ist so weit wie möglich zu kürzen:

$$\frac{3}{5}\div 5=\frac{3}{5}\times\frac{1}{5}=\frac{3}{25}$$

Zu 42) A. $\frac{75}{8}$

Gemischte Zahlen sollten in Brüche umgewandelt werden. Danach werden die Brüche multipliziert, indem man Nenner mit Nenner und Zähler mit Zähler multipliziert. Das Ergebnis ist so weit wie möglich zu kürzen:

$$3\frac{6}{8}\times 2\frac{2}{4}=\frac{30}{8}\times\frac{10}{4}=\frac{300}{32}=\frac{75}{8}$$

Zu 43) B. 4

Gemischte Zahlen sollten zunächst in reine Brüche umgewandelt werden. Brüche werden addiert, indem man sie auf einen gemeinsamen Nenner bringt, ihre Zähler subtrahiert und den Nenner beibehält. Anschließend ist das Ergebnis so weit wie möglich zu kürzen:

$$3\frac{7}{21}+\frac{2}{3}=\frac{70}{21}+\frac{14}{21}=\frac{84}{21}=4$$

Zu 44) B. $\frac{27}{28}$

Brüche werden multipliziert, indem man Zähler mit Zähler und Nenner mit Nenner multipliziert:

$$\frac{9}{4}\times\frac{3}{7}=\frac{27}{28}$$

Zu 45) D. $\frac{2}{7}$

Brüche werden dividiert, indem man den ersten Wert (Dividend) mit dem Kehrwert des zweiten Werts (des Divisors, durch den geteilt werden soll) multipliziert. Anschließend ist das

Ergebnis so weit wie möglich zu kürzen:

$$\frac{3}{6} \div \frac{7}{4} = \frac{3}{6} \times \frac{4}{7} = \frac{12}{42} = \frac{2}{7}$$

Rechenzeichen ergänzen (Aufgaben 46–60)

Zu 46) $10 \underline{-} 15 \underline{+} 8 = 3$

Zu 47) $12 \underline{\times} 3 \underline{\div} 4 = 36 \div 4 = 9$

Zu 48) $5 \underline{\times} 8 \underline{-} 6 = 40 - 6 = 34$

Zu 49) $7 \underline{-} 2 \underline{\times} 3 = 7 - 6 = 1$

Zu 50) $9 \underline{\div} 3 \underline{\times} 4 = 3 \times 4 = 12$

Zu 51) $17 \underline{-} 9 \underline{+} 3 = 11$

Zu 52) $7 \underline{\times} 2 \underline{-} 9 = 14 - 9 = 5$

Zu 53) $2 \underline{\times} 3 \underline{\times} 2 = 6 \times 2 = 12$

Zu 54) $9 \underline{\div} 3 \underline{+} 5 = 3 + 5 = 8$

Zu 55) $7 \underline{-} 8 \underline{\div} 4 = 7 - 2 = 5$

Zu 56) $11 \underline{-} 6 \underline{\div} 2 = 11 - 3 = 8$

Zu 57) $1 \underline{+} 4 \underline{\times} 4 = 17$

Zu 58) $8 \underline{-} 2 \underline{+} 1 = 7$

Zu 59) $14 \underline{\times} 2 \underline{\div} 7 = 28 \div 7 = 4$

Zu 60) $18 \underline{\div} 3 \underline{-} 2 = 6 - 2 = 4$

Vertauschte Operatoren (Aufgaben 61–75)

Zu 61) $1 + 5 =$ ***6***

Zu 62) $4 \times 6 =$ ***24***

Zu 63) $7 - 2 =$ ***5***

Zu 64) $15 \div 3 =$ ***5***

Zu 65) $3 + 8 =$ ***11***

Zu 66) $8 + 2 =$ ***10***

Zu 67) $35 \div 5 =$ ***7***

Zu 68) $8 \times 8 =$ ***64***

Zu 69) $96 \div 4 =$ ***24***

Zu 70) $102 - 17 =$ ***85***

Zu 71) $20 \div 5 =$ ***4***

Zu 72) $30 - 15 =$ ***15***

Zu 73) $3 \times 7 =$ ***21***

Zu 74) $3 + 6 =$ ***9***

Zu 75) $14 \div 7 =$ ***2***

Maßeinheiten umrechnen (Aufgaben 76–85)

Zu 76) B. 384

Ein Zentimeter entspricht zehn Millimetern, also ergeben 38,4 Zentimeter 384 Millimeter:

$38{,}4 \times 10\ mm = 384\ mm$

Zu 77) B. 8.000 m^2

Die Grundfläche beträgt 8.000 m^2.

$100\ m \times 80\ m = 8.000\ m^2$

Zu 78) B. 690

Eine Tonne entspricht 1.000 Kilogramm, also entsprechen 0,69 Tonnen 690 Kilogramm:

$0{,}69 \times 1.000\ kg = 690\ kg$

Zu 79) B. 1.050 kg

Eine Tonne entspricht 1.000 Kilogramm, also ergeben 1,05 Tonnen 1.050 Kilogramm:

$1{,}05 \times 1.000\ kg = 1.050\ kg$

Zu 80) D. 79.800

Ein Kilogramm entspricht 1.000 Gramm, also ergeben 79,8 Kilogramm 79.800 Gramm:

$79{,}8 \times 1.000\ g = 79.800\ g$

Zu 81) B. 18 m^3

Das entspricht 18 Kubikmetern.

$1.000\ l = 1\ m^3$

$18.000\ l \div 1.000 = 18\ m^3$

Zu 82) A. 34,55 m^3

Das Ladevolumen beträgt 34,55 m^3.

$6{,}05\ m \times 2{,}43\ m \times 2{,}35\ m = 34{,}55\ m^3$

Zu 83) C. 17.000 m^2

Das Gewerbegrundstück im Nachbarort hat eine Grundfläche von 17.000 m^2.

$1\ ha = 10.000\ m^2$

$10.000\ m^2 \times 1{,}7 = 17.000\ m^2$

Zu 84) C. 2,5

Ein Liter entspricht 10 Dezilitern, also ergeben 0,25 Liter 2,5 Deziliter:

$0{,}25 \times 10\ dl = 2{,}5\ dl$

Zu 85) B. 3.500.000

Ein Quadratkilometer entspricht 1.000.000 Quadratmetern, also ergeben 3,5 Quadratkilometer 3.500.000 Quadratmeter:

$3{,}5 \times 1.000.000\ m^2 = 3.500.000\ m^2$

Dreisatz (Aufgaben 86–95)

Zu 86) C. 200 GBP

Herr Mayer erhält 200 GBP.

Wechselkurs von 1 GBP = 1,30 €

260 € ÷ 1,30 €/GBP = 200 GBP

Zu 87) **D.** 625 t

Zur Gewinnung von fünf kg Gold benötigt man 625 t Erz.

5.000 g ÷ 8 g × 1 t = 625 t

Zu 88) **D.** 8,10 €

Das Gespräch würde 8,10 € kosten.

3,60 € ÷ 4 min = 0,90 € pro Minute

0,90 €/min × 9 min = 8,10 €

Zu 89) **D.** 120 €

Der Quadratmeterpreis des Spezialbodens beträgt 120 €.

8 m × 12 m = 96 m^2

11.520 € ÷ 96 m^2 = 120 € pro m^2

Zu 90) **C.** 2.100 kg

Herr Mayer benötigt für diesen Auftrag 2.100 kg Blech.

1.500 kg ÷ 100 Teile = 15 kg pro Ersatzteil

15 kg × 140 Ersatzteile = 2.100 kg

Zu 91) **A.** 8

Sechs Arbeiter brauchen acht Stunden für die gleiche Arbeit.

8 Arbeiter × 6 h = 48 h

48 h ÷ 6 Arbeiter = 8 h

Zu 92) **D.** 25 Tage

Der Auftrag erfordert 25 Arbeitstage.

10 Mitarbeiter × 20 d = 200 d Gesamtzeit

200 d ÷ 8 Mitarbeiter = 25 d

Zu 93) **D.** 28 Mitarbeiter

Herr Mayer müsste 28 Mitarbeiter einsetzen, um pünktlich fertig zu werden.

24 Mitarbeiter × 14 d = 336 d Gesamtzeit

336 ÷ 12 d = 28 Mitarbeiter

Zu 94) **B.** 170 kWh

Herr Müller würde durch die Umstellung 170 kWh einsparen.

500 × 50 W × 8 h = 200.000 Wattstunden (Wh)

500 × 10 W × 6 h = 30.000 Wattstunden (Wh)

200.000 Wh – 30.000 Wh
= 170.000 Wh

170.000 Wh = 170 kWh

Zu 95) **D.** 10 h

Die Mitarbeiter benötigen 10 Stunden.

120 Maschinen ÷ 20 Mitarbeiter = 6 Maschinen pro Mitarbeiter in 6 Stunden

6 Maschinen ÷ 6 h = 1 Maschine pro Mitarbeiter pro Stunde

1 Maschine pro Mitarbeiter × 10 Mitarbeiter = 10 Maschinen pro Stunde

100 Maschinen ÷ 10 Maschinen pro Stunde = 10 h

Prozentrechnen (Aufgaben 96–105)

Zu 96) B. 4.000 €

Herr Mayer hätte regulär 4.000 € zahlen müssen.

$$\text{Grundwert} = \frac{\text{Prozentwert} \times 100}{\text{Prozentsatz}}$$

$$\text{Grundwert} = \frac{3.600\,€ \times 100}{90\,\%} = 4.000\,€$$

Zu 97) B. 960 €

Herr Mayer spart durch den Rabatt einen Betrag von 960 €.

$$\text{Prozentwert} = \frac{\text{Grundwert} \times \text{Prozentsatz}}{100}$$

$$\text{Prozentwert} = \frac{12.000\,€ \times 8}{100} = 960\,€$$

Zu 98) C. 20 %

Die Gehaltserhöhung müsste 20 % betragen.

$$\text{Prozentsatz} = \frac{\text{Prozentwert} \times 100}{\text{Grundwert}}$$

$$\text{Prozentsatz} = \frac{600\,€ \times 100}{3.000\,€} = 20\,\%$$

Zu 99) C. 56 €

Herr Mayer müsste auf den Einkaufspreis von 37,50 € und seine 2,50 € sonstige Kosten noch 16 € aufschlagen, sodass der Verkaufspreis 56 € betragen würde.

$$\text{Prozentwert} = \frac{\text{Grundwert} \times \text{Prozentsatz}}{100}$$

$$\text{Prozentwert} = \frac{40\,€ \times 40}{100} = 16\,€$$

37,50 € + 2,50 € + 16 € = 56 €

Zu 100) C. 2.400 €

Herr Mayer würde einen Betrag von 2.400 € sparen.

$$\text{Prozentwert} = \frac{\text{Grundwert} \times \text{Prozentsatz}}{100}$$

$$\text{Prozentwert} = \frac{16.000\,€ \times 15\,\%}{100} = 2.400\,€$$

Zu 101) D. 85 Beschäftigte

Die Max Mayer Einzelhandelsgesellschaft hat 85 wahlberechtigte Beschäftigte.

$$\text{Prozentwert} = \frac{\text{Grundwert} \times \text{Prozentsatz}}{100}$$

$$\text{Prozentwert} = \frac{100 \times 85\,\%}{100} = 85$$

Zu 102) C. 30 %

Der Exportanteil beträgt 30 %.

$$\text{Prozentsatz} = \frac{\text{Prozentwert} \times 100}{\text{Grundwert}}$$

$$\text{Prozentsatz} = \frac{4.200\,\text{Stk.} \times 100}{14.000\,\text{Stk.}} = 30\,\%$$

Zu 103) **C.** 120 Beschäftigte

Im Durchschnitt sind 120 Beschäftigte krank.

$$\text{Prozentwert} = \frac{\text{Grundwert} \times \text{Prozentsatz}}{100}$$

$$\text{Prozentwert} = \frac{1.500 \times 8}{100} = 120$$

Zu 104) **C.** 1.680 €

Der neue Mietpreis für die Maschinen beträgt 1.680 €.

$$\text{Grundwert} = \frac{\text{Prozentwert} \times 100}{\text{Prozentsatz}}$$

$$\text{Grundwert} = \frac{80\,€ \times 100}{5\%} = 1.600\,€$$

1.600 € + 80 € = 1.680 €

Zu 105) **B.** 50 kg

Das Nettogewicht der Ware beträgt 50 kg.

$$\text{Grundwert} = \frac{\text{Prozentwert} \times 100}{\text{Prozentsatz}}$$

$$\text{Grundwert} = \frac{52{,}5\,\text{kg} \times 100}{105} = 50\,\text{kg}$$

Gemischte Textaufgaben (Aufgaben 106–115)

Zu 106) **C.** 5 h

Für die Auszeichnung werden im Durchschnitt 5 Stunden benötigt.

3 h + 4 h + 5 h + 6 h + 7 h = 25 h

25 h ÷ 5 = 5 h

Zu 107) **D.** 1,80 €

5,85 € ÷ 3,25 l = 1,80 € pro Liter

Zu 108) **B.** 6,80 €

Es ist ein kg-Preis von 6,80 € hinterlegt.

750 g = 0,75 kg

5,10 € ÷ 0,75 kg = 6,80 €/kg

Zu 109) **D.** 100 %

Herr Mayer müsste seinen Umsatz verdoppeln, das heißt um 100 % steigern.

Gesamtumsatz der Konkurrenz:
6.642.000 € + 3.358.000 €
= 10.000.000 €

10.000.000 € ÷ 5.000.000 € = 2

Zu 110) **C.** 50

Herr Müller bräuchte fünfzig 20-Cent-Stücke.

100 Stk. × 10 Cent/Stk. = 1.000 Cent

1.000 Cent ÷ 20 Cent/Stk. = 50 Stk.

Zu 111) C. 10,00 Liter

Das Fahrzeug hätte einen durchschnittlichen Verbrauch von 10 l auf 100 km.

80 l ÷ 800 km × 100 km = 10 l

Zu 112) C. 100 Tage

Die Straße ist nach 100 Tagen fertiggestellt.

5 m + 7 m = 12 m

1.200 m ÷ 12 m/Tag = 100 Tage

Zu 113) B. 400 €

Müller Junior hat bereits 400 € angespart.

1.280 € – 80 € = 1.200 €

1.200 € ÷ 3 Anteile = 400 € pro Anteil

Eltern: 400 €/Anteil × 2 Anteile = 800 €

Müller junior: 400 €/Anteil × 1 Anteil = 400 €

Zu 114) B. 25 km

Die Entfernung beträgt 25 km.

Freund 1 legt in 30 Minuten 15 km Strecke zurück, Freund 2 schafft 10 km.

Freund 1: 30 km/h × 0,5 h = 15 km

Freund 2: 20 km/h × 0,5 h = 10 km

15 km + 10 km = 25 km

Zu 115) C. 108 Stück

Es müssen 108 Kupferbleche zurückgeschickt werden.

240 × $\frac{1}{5}$ = 48 Stück defekt

240 × $\frac{1}{4}$ = 60 Stück falsche Größe

48 + 60 = 108 Stück

Mathematische Kniffeleien (Aufgaben 116–125)

Zu 116) C. 45

Die Summe der fünf Zahlen lautet 45.

9 + 12 + 6 + 7 + 11 = 45

Zu 117) D. 100

Das Ergebnis lautet 100.

40 ÷ 0,5 = 80

80 + 20 = 100

Zu 118) B. 0,50 €

Einfaches Subtrahieren führt in die Irre: Rechnet man 5 – 4 = 1, würde das Eis allein fünf Euro kosten. Setzt man für das Eis die Variable x und für die Sahne die Variable y, lassen sich aus der Aufgabenstellung zwei Gleichungen formen:

I: $x + y = 5$

II: $x - y = 4$

Nun kann man die erste Gleichung nach x auflösen und den erhaltenen Ausdruck in die zweite Gleichung einsetzen:

I: $x = 5 - y$

$II: x - y = (5 - y) - y = 5 - 2y = 4$

$5 - 2y = 4 \quad | -4$

$1 - 2y = 0 \quad | +2y$

$1 = 2y \quad | \div 2$

$0,5 = y$

Die Sahne kostet 0,50 Euro.

Zu 119) A. 6 kg

Setzt man für das Gewicht einer Ziege die Variable x und für das Gewicht eines Schafes die Variable y, lassen sich aus der Aufgabenstellung zwei Gleichungen formen:

$I: 2x + 3y = 40$

$II: 3x + 2y = 45$

Nun kann man die erste Gleichung nach x auflösen:

$2x + 3y = 40 \quad | -3y$

$2x = 40 - 3y \quad | \div 2$

$x = 20 - 1,5y$

Setzt man den erhaltenen Ausdruck in die zweite Gleichung ein, ergibt sich:

$3x + 2y = 3 \times (20 - 1,5y) + 2y = 60$
$- 4,5y + 2y = 60 - 2,5y = 45$

$60 - 2,5y = 45 \quad | -45$

$15 - 2,5y = 0 \quad | +2,5y$

$15 = 2,5y \quad | \div 2,5$

$6 = y$

Ein Schaf wiegt sechs Kilogramm.

Zu 120) B. 60 Sekunden

Mit eingestecktem Stöpsel dauert es 20 Sekunden, bis das Becken voll ist. Im selben Zeitraum fließen mit geöffnetem Stöpsel zwei Drittel des Beckeninhalts ab. Kombiniert man diese Informationen, weiß man, dass das Becken mit aufgedrehtem Hahn und gezogenem Stöpsel nach 20 Sekunden zu einem Drittel gefüllt ist. Bis zur vollständigen Füllung dauert es also $3 \times 20 = 60$ Sekunden.

Zu 121) C. 55 %

55 Prozent der Aufgaben waren weder sehr schwer noch sehr leicht.

$\frac{1}{4} = 25\,\%$

$\frac{1}{5} = 20\,\%$

$25\,\% + 20\,\% = 45\,\%$

$100\,\% - 45\,\% = 55\,\%$

Zu 122) B. 20 cm

Das kürzere Stück ist 20 cm lang.

Das längere Stück ist viermal so lang wie das kürzere Stück. Beide Stücke zusammen sind 1 Meter lang. Mathematisch ausgedrückt:

$x + 4x = 100$ cm

$5x = 100$ cm $\quad | \div 5$

$x = 20$ cm

Zu 123) C. 225 Meter

Vorsicht, Falle: Die angegebenen 150 Meter müssen Sie nicht durch 3 teilen, sondern durch 2 – zwischen dem ersten und dem dritten Posten liegen ja nur zwei Abstände. Vom ersten zum vierten Posten sind es drei Abstände, und die gesuchte Entfernung beträgt $3 \times 75 = 225$ Meter.

Zu 124) C. 11

Am besten lässt sich die Aufgabe rückwärts rechnen:

$60 \div 4 = 15$

$15 - 4 = 11$

Zu 125) B. In $\frac{m}{s^2}$

Die Arbeit wird in Newtonmetern angegeben (m^2kg/s^2), also muss sich diese Einheit auch aus der Formel für Hubarbeit ergeben. Da die Masse m in Kilogramm (kg) angegeben wird und die Höhe h in Metern (m), lässt sich mit einfachen Beispielwerten rechnen:

$$1\text{kg} \times g \times 1\text{m} = 1\frac{m^2 kg}{s^2}$$

Geteilt durch 1 kg, ergibt sich:

$$g \times 1\text{m} = 1\frac{m^2 kg}{s^2 kg} = 1\frac{m^2}{s^2}$$

Dividiert durch 1 Meter, erhält man:

$$g = 1\frac{m^2}{s^2 m} = \frac{m}{s^2}$$

Der Faktor g wird also in Metern pro Sekunde zum Quadrat angegeben. Dieser Faktor bezeichnet die sogenannte Fall- oder Schwerebeschleunigung, die ein Körper in einem Schwerefeld erfährt, beispielsweise im irdischen Gravitationsfeld (man spricht dann auch vom Ortsfaktor). Auf der Erdoberfläche beträgt diese Größe rund 9,81 m/s^2.

Tabellen auswerten (Aufgaben 126–130)

Zu 126) C. 557,1 Mrd. €

Die Gesamtausgaben der Bundesrepublik Deutschland veranschlagt der Haushaltsplan für 2021 mit 557.093 Millionen Euro, das sind rund 557,1 Milliarden Euro.

Zu 127) C. 4,608 Mrd. €

Die Bundesrepublik Deutschland hat im Jahr 2021 rund 4,6 Milliarden Euro für die Schuldentilgung (Bundesschuld) aufgewendet.

Zu 128) D. 31 %

Rund 31 Prozent des Bundeshaushaltes flossen 2021 ins Ressort des Bundesministeriums für Arbeit und Soziales.

$$\text{Prozentsatz} = \frac{\text{Prozentwert} \times 100}{\text{Grundwert}}$$

$$\text{Prozentsatz} = \frac{175.131\,\text{Mio. €} \times 100}{557.093\,\text{Mio. €}} = 31{,}4\,\%$$

Zu 129) B. Rund 2,4 %

Die Ausgaben für das Bundesministerium der Verteidigung stiegen von 2020 bis 2021 um 2,4 Prozent.

47.237Mio. € – 46.114 Mio. €
= 1.123 Mio. €

$$\text{Prozentsatz} = \frac{\text{Prozentwert} \times 100}{\text{Grundwert}}$$

$$\text{Prozentsatz} = \frac{1.123\,\text{Mio. €} \times 100}{46.114\,\text{Mio. €}} = 2{,}4\,\%$$

Zu 130) C. Ausgaben für die Verteidigung

Mit mehr als 47 Milliarden Euro hatte die Bundesrepublik Deutschland 2021 die viertgrößten Aufwendungen für die Verteidigung.

Mengenkalkulation (Aufgaben 131–135)

Zu 131) D. 6

Es werden insgesamt 6 Elemente benötigt.

$e_1 = 2$

$e_2 = 4$

Zu 132) C. 24

Es werden insgesamt 24 Elemente e_1 benötigt.

$t_1 = 6 \times e_1$

$4 \times t_1 = 24\ e_1$

Zu 133) B. 4

Es werden insgesamt 4 Elemente e_1 benötigt.

$t_2 = 2 \times e_1$

$2 \times t_2 = 4\ e_1$

Zu 134) A. 4 e_1 und 8 e_2

Es werden insgesamt 4 Elemente e_1 und 8 Elemente e_2, d. h. insgesamt 12 Elemente benötigt.

$t_2 = 2 \times e_1$

$2 \times t_2 = 4\ e_1$

$t_2 = 4 \times e_2$

$2 \times t_2 = 8\ e_2$

Zu 135) C. 16

Es werden insgesamt 16 Elemente e_1 benötigt.

$t_2 = 2 \times e_1$

$2 \times t_2 = 4\ e_1$

$f_2 = 4\ e_1$

$t_1 = 6 \times e_1$

$2 \times t_1 = 12\ e_1$

Summe: $12 + 4 = 16\ e_1$

Diagramm-Aufgaben (Aufgaben 136–140)

Zu 136) C. 357.565

Auf dem deutschen Schienennetz wurden 2021 insgesamt 357.565 Kilotonnen Güter befördert.

232.005 kt + 48.907 kt + 57.462 kt + 19.191 kt = 357.565 kt

Zu 137) B. Rund 26.679 Kilotonnen

Auf dem deutschen Schienennetz wurden 2020 durchschnittlich rund 26.679 Kilotonnen Güter pro Monat befördert.

Jahresmenge 2020: 208.306 kt + 42.837 kt + 50.878 kt + 18.122 kt = 320.143 kt

Durchschnittliche Monatsmenge:
320.143 kt ÷ 12 = 26.678,6 kt
≈ 26.679 kt

Zu 138) B. Um +10,47 Prozent

Das Güteraufkommen ist von 2020 bis 2021 um 10,47 Prozent gestiegen.

Differenz: 357.565 – 320.143 = 37.422

$$\text{Prozentsatz} = \frac{\text{Prozentwert} \times 100}{\text{Grundwert}}$$

$$\text{Prozentsatz} = \frac{37.422 \times 100}{357.565} = 10{,}47\,\%$$

Zu 139) A. Versand in das Ausland

Das größte Wachstum wurde mit rund 14 % beim Versand in das Ausland erzielt. Der Prozentanteil der Gütermenge von 2021, bezogen auf die Vorjahresmenge, berechnet sich wie folgt:

$$\text{Prozentsatz} = \frac{\text{Prozentwert} \times 100}{\text{Grundwert}}$$

Für die einzelnen Verkehrswege ergibt sich:

Durchgangsverkehr:

$$\frac{19.191 \times 100}{18.122} = 105{,}90\,\%$$

Versand ins Ausland:

$$\frac{48.907 \times 100}{42.837} = 114{,}17\,\%$$

Empfang aus dem Ausland:

$$\frac{57.462 \times 100}{50.878} = 112{,}94\,\%$$

Binnenverkehr:

$$\frac{232.005 \times 100}{208.306} = 111{,}38\,\%$$

Zu 140) B. Rund 14.532 kt

Im Jahr 2019 wurden 14.532 Kilotonnen Güter befördert.

Durch die Steigerung um 24,7 % entspricht die 2020 im Binnenverkehr beförderte Gütermenge 124,7 % der Vorjahresmenge. Diese berechnet sich wie folgt:

$$\text{Grundwert} = \frac{\text{Prozentwert} \times 100}{\text{Prozentsatz}}$$

$$\text{Grundwert} = \frac{18.122 \times 100}{124{,}7\,\%} = 14.532$$

Geometrie (Aufgaben 141–145)

Zu 141) D. 240 cm^3

Um das Volumen eines Quaders zu berechnen, benötigt man seine Länge, Breite und Höhe. Das Volumen ergibt sich aus der Multiplikation der drei Werte:

$$\text{Volumen} = a \times b \times c$$

$$\text{Volumen} = 6\ cm \times 8\ cm \times 5\ cm = 240\ cm^3$$

Das Volumen des abgebildeten Quaders beträgt 240 cm^3.

Zu 142) B. 314 m^2

Die angegebene Formel bezieht sich auf den Radius (r) des Kreises. In der Aufgabenstellung wird jedoch der Durchmesser (d) genannt, der die doppelte Länge des Radius besitzt:

$$r = \frac{d}{2} = \frac{20\,m}{2} = 10\,m$$

Nun lässt sich die Fläche durch Einsetzen berechnen:

$$A = \pi \times r^2 \approx 3{,}14 \times (10\ m)^2 \approx 3{,}14 \times 100\ m^2 \approx 314\ m^2$$

Der Kreis hat einen Flächeninhalt von rund 314 Quadratmetern.

Zu 143) C. Rund 196 cm^3

Die angegebene Formel bezieht sich auf den Radius (r) des Kreises. In der Aufgabenstellung wird jedoch der Durchmesser genannt, der die doppelte Länge des Radius besitzt:

$$r = \frac{d}{2} = 2{,}5\ cm$$

Nun lässt sich das Volumen der zylindrischen Dose durch Einsetzen berechnen:

$$V = \pi \times r^2 \times h$$

$$V = \pi \times (2{,}5\ cm)^2 \times 10\ cm = \pi \times 6{,}25^2 \times 10\ cm \approx 3{,}14 \times 62{,}5\ cm^3 \approx 196\ cm^3$$

Das Volumen der Dose beträgt ca. 196 Kubikzentimeter.

Zu 144) D. 17 m

Da es sich hier um ein rechtwinkliges Dreieck handelt, gilt der Satz des Pythagoras: $a^2 + b^2 = c^2$. Nachdem man die in Dezimetern angegebene Seitenlänge in Meter umgeformt hat, lässt sich der gesuchte Wert wie folgt berechnen:

$$c^2 = a^2 + b^2 = (15\ m)^2 + (8\ m)^2 = 225\ m^2 + 64\ m^2 = 289\ m^2$$

$$c = \sqrt{289\,m^2} = 17\,m$$

Die Seite c – die Hypotenuse des rechtwinkligen Dreiecks – ist 17 Meter lang.

Zu 145) C. 30 m^2

Das Volumen der Erdschicht berechnet sich durch Grundfläche mal Höhe:

$$V = l \times b \times h = A \times h$$

Da das Volumen und die Höhe – bzw. Dicke – der Erdschicht bekannt sind, kann die Grundfläche wie folgt berechnet werden:

$$A = \frac{V}{h} = \frac{4{,}5\,m^3}{15\,cm} = \frac{4{,}5\,m^3}{0{,}15\,m} = 30\,m^2$$

Herrn Kerners Garten hat eine Fläche von 30 Quadratmetern.

Logisches Denkvermögen

Zahlenreihen

Bearbeitungszeit 10 Minuten

Jede Zahlenreihe ist sinnvoll nach einer bestimmten Bildungsregel aufgebaut. Welche Zahl setzt die Reihe logisch fort?

Hierzu ein Beispiel

Aufgabe

1)

1	2	3	4	5	?

A. 6
B. 7
C. 8
D. 9
E. Keine Antwort ist richtig.

Antwort

(A.) 6

Gesucht ist die 6: Jede Zahl ist um 1 größer als ihre Vorgängerin.

Bitte bearbeiten Sie nun die Aufgaben: Setzen Sie die Zahlenreihen sinnvoll fort, indem Sie jeweils den richtigen Lösungsbuchstaben markieren.

1)

16	22	27	31	34	?

A. 17
B. 36
C. 32
D. 13
E. Keine Antwort ist richtig.

2)

$^{2}/_{4}$	$^{4}/_{4}$	$^{8}/_{4}$	$^{16}/_{4}$	?

A. $^{18}/_{4}$

B. $^{32}/_{6}$

C. $^{24}/_{4}$

D. $^{32}/_{4}$

E. Keine Antwort ist richtig.

3)

20	16	20	17	20	?

A. 20

B. 22

C. 18

D. 12

E. Keine Antwort ist richtig.

4)

80	20	60	15	45	?

A. $^{45}/_{4}$

B. 35

C. 30

D. 60

E. Keine Antwort ist richtig.

5)

10	20	12	18	14	16	?

A. 14
B. 16
C. 18
D. 20
E. Keine Antwort ist richtig.

6)

4	2	6	3	12	?

A. 8
B. 6
C. 7
D. 24
E. Keine Antwort ist richtig.

7)

2	2	4	8	32	?

A. 40
B. 64
C. 72
D. 256
E. Keine Antwort ist richtig.

8)

4	**4**	**8**	**8**	**12**	**16**	**16**	**?**

A. 15
B. 11
C. 32
D. 13
E. Keine Antwort ist richtig.

9)

13	**17**	**19**	**23**	**?**

A. 21
B. 29
C. 31
D. 33
E. Keine Antwort ist richtig.

10)

47	**40**	**240**	**235**	**940**	**?**

A. 937
B. 823
C. 62
D. 1.500
E. Keine Antwort ist richtig.

Zahlenmatrizen

Bearbeitungszeit 10 Minuten

Die Zahlenmatrizen in diesem Abschnitt sind nach festen Regeln gebildet. Bitte stellen Sie sicher, dass jede Matrix richtig aufgestellt ist.

Hierzu ein Beispiel

Aufgabe

1) Welche Zahl fehlt?

1	2	2
3	2	**?**
3	4	12

A. 4
B. 2
C. 8
D. 6
E. Keine Antwort ist richtig.

Antwort

D. 6

In jeder Reihe ergeben die zwei linken Zahlen multipliziert die rechte Zahl. In jeder Spalte ergeben die zwei oberen Zahlen multipliziert die untere Zahl.

Bearbeitungstipp

Konzentrieren Sie sich zuerst auf eine einzige Reihe oder Spalte. Wie hängen die Zahlen darin rechnerisch zusammen, wird addiert, subtrahiert, multipliziert, dividiert? Wenn Sie eine Regel gefunden haben, versuchen Sie diese auf alle übrigen Reihen bzw. Spalten zu übertragen. Bei pyramidenförmigen Matrizen ist jede Zahl meist mit den beiden Zahlen unmittelbar darunter verknüpft.

Bitte bearbeiten Sie nun die Aufgaben: Markieren Sie jeweils den Lösungsbuchstaben des richtigen Antwortvorschlags. Sie haben dafür **10 Minuten** Zeit.

11) Welche Zahl ist falsch?

38	54	92
42	24	66
80	88	62

A. 80
B. 88
C. 66
D. 92
E. 62

12) Welche Zahl ist falsch?

64	32	16
16	8	4
5	2	1

A. 16
B. 4
C. 1
D. 2
E. 5

13) Welche Zahl fehlt?

24	30	36
18	**?**	30
12	18	24

A. 12
B. 14
C. 20
D. 24
E. Keine Antwort ist richtig.

14) Welche Zahl fehlt?

1			
9	8		
20	**?**	3	
33	13	24	21

A. 9
B. 7
C. 13
D. 8
E. 11

15) Welche Zahl fehlt?

1	2	3	**?**
3	9	2	8

A. 1
B. 2
C. 3
D. 4
E. 5

16) Welche Zahl fehlt?

2	3	4	5
7	5	7	9
16	12	12	16
32	**?**	24	28

A. 24
B. 28
C. 30
D. 32
E. Keine Antwort ist richtig.

17) Welche Zahl fehlt?

	?		
	9	9	
23	22	14	
43	97	24	80

A. 9
B. 21
C. 18
D. 27
E. Keine Antwort ist richtig.

18) Welche Zahl fehlt?

7	2	13	12
9	16	3	6
4	5	**?**	15
14	11	8	1

A. 7
B. 12
C. 15
D. 10
E. Keine Antwort ist richtig.

19) Welche Zahl fehlt?

3	7	9	15
10	14	16	22
20	**?**	32	44
5	7	8	11

A. 28
B. 24
C. 26
D. 32
E. Keine Antwort ist richtig.

20) Welche Zahl fehlt?

10	4	1	5
2	**?**	10	2
1	2	10	10
10	5	2	2

A. 2
B. 1
C. 5
D. 4
E. Keine Antwort ist richtig.

Wörter erkennen *Bearbeitungszeit 7½ Minuten*

Welches Wort versteckt sich in der Buchstabenreihe?

Ihre Aufgabe lautet, Substantive (Hauptwörter) in durcheinander gewürfelten Buchstabenfolgen zu erkennen.

Bitte markieren Sie den Buchstaben, von dem Sie denken, dass es der Anfangsbuchstabe des gesuchten Wortes sein könnte.

Hierzu ein Beispiel

Aufgabe

1)

R	S	P	U	T

A. R
B. S
C. P
D. U
E. T

Antwort

(**B.**) S

In dieser Buchstabenreihe versteckt sich das Wort „SPURT" und die richtige Antwort lautet B.

Bitte bearbeiten Sie nun die Aufgaben: Markieren Sie jeweils den Lösungsbuchstaben, der zum Anfangsbuchstaben des gesuchten Substantivs gehört. Sie haben dafür **7½ Minuten** Zeit.

21)

L	E	H	T	O

A. L
B. E
C. H
D. T
E. O

22)

Z	U	B	E	G

A. Z
B. U
C. B
D. E
E. G

23)

C	H	I	M	L

A. C
B. H
C. I
D. M
E. L

24)

S	R	T	G	N	A

A. S
B. R
C. T
D. G
E. N

25)

E	O	K	C	N	L

A. E
B. O
C. K
D. N
E. L

26)

F	D	R	P	E

A. F
B. D
C. R
D. P
E. E

27)

G	I	H	N	O

A. G
B. I
C. H
D. N
E. O

28)

H	R	E	C	F

A. H
B. R
C. E
D. C
E. F

29)

S	U	G	N	A	A	G

A. S
B. U
C. G
D. N
E. A

30)

Ä	P	T	T	R	R	O

A. Ä
B. P
C. T
D. R
E. O

Sprachanalogien

Bearbeitungszeit 7½ Minuten

In diesem Abschnitt wird Ihre Fähigkeit zu logischem Denken im sprachlichen Bereich geprüft.

Pro Aufgabe erhalten Sie zwei Wörter, die in einer bestimmten Beziehung zueinander stehen. Eine ähnliche Beziehung besteht zwischen einem dritten und vierten Wort. Das dritte Wort wird Ihnen vorgegeben, das vierte sollen Sie in den Antworten A bis E selbst ermitteln.

Hierzu ein Beispiel

Aufgabe

1) **dick** : **dünn** wie **lang** : ?

A. hell
B. dunkel
C. schmal
D. kurz
E. schlank

Antwort

(D.) kurz

Gesucht wird ein Begriff, zu dem sich „lang" genauso verhält wie „dick" zu „dünn". Da „dick" das Gegenteil von „dünn" ist, muss nun ein Gegenbegriff zu „lang" gefunden werden. Von den Wahlwörtern kommt dafür nur „kurz" infrage; Lösungsbuchstabe ist daher das D.

Bitte bearbeiten Sie nun die Aufgaben: Vervollständigen Sie die Wortgleichung, indem Sie jeweils den richtigen Lösungsbuchstaben markieren. Sie haben dafür 7½ **Minuten** Zeit.

31) **Ball** : **werfen** wie **Pistole** : ?

A. schießen
B. rollen
C. Handball
D. Fußball
E. laut

32) **Fußballer** : **Fußballplatz** wie **Schwimmer** : ?

A. Schwimmbecken
B. Wasser
C. Sport
D. Halle
E. Badehose

33) **Auto** : **Straße** wie **Zug** : ?

A. Schaffner
B. Fahrkarte
C. Gleis
D. Rad
E. Ampel

34) **Auto** : **Flugzeug** wie **fahren** : ?

A. schwimmen
B. reiten
C. joggen
D. laufen
E. fliegen

35) **Skala** : **Thermometer** wie **Ziffernblatt** : ?

A. Bild
B. Skizze
C. Uhr
D. Bildschirm
E. Tableau

36) **Spanien** : **König** wie **Deutschland** : ?

A. Bundeskanzler
B. Bundespräsident
C. Minister
D. Bundesrat
E. König

37) Haare : Kamm wie
Rasen : ?

A. Gärtner
B. Rasenmäher
C. Spaten
D. Rechen
E. Blume

38) Garage : Auto wie
Hangar : ?

A. Rennwagen
B. Flugzeug
C. Maschine
D. Schiff
E. Motorboot

39) Instrument : Musik wie
Buch : ?

A. Dichter
B. Malerei
C. Literatur
D. Schiller
E. Papier

40) Wein : Traube wie
Brot : ?

A. Ofen
B. Teig
C. Mehl
D. Getreide
E. Butter

Oberbegriffe

Bearbeitungszeit 7½ Minuten

Zu jeder Aufgabe erhalten Sie zwei Begriffe. Bitte ermitteln Sie den dazu passenden Oberbegriff und markieren Sie den richtigen Lösungsbuchstaben.

41) Schraubenzieher, Zange

A. Baustelle
B. Reparatur
C. Elektriker
D. Werkzeug
E. Keine Antwort ist richtig.

42) Teelöffel, Messer

A. Messgerät
B. Gabel
C. Besteck
D. Teller
E. Keine Antwort ist richtig.

43) Auto, Fahrrad

A. Fahrzeug
B. Laufen
C. Lastwagen
D. Geschwindigkeit
E. Keine Antwort ist richtig.

44) Bremse, Motor

A. Auto
B. Geschwindigkeit
C. Werkzeug
D. Motorboot
E. Keine Antwort ist richtig.

45) Anstand, Benehmen

A. Schule
B. Lehrer
C. Strafe
D. Erziehung
E. Keine Antwort ist richtig.

46) Zugspitze, K2

A. Eisenbahn
B. Berge
C. Gebirge
D. Alpen
E. Keine Antwort ist richtig.

47) Butter, Brot

A. Weizen
B. Milch
C. Getreide
D. Nahrungsmittel
E. Keine Antwort ist richtig.

48) Linse, Iris

A. Hornhaut
B. Pupille
C. Auge
D. Netzhaut
E. Keine Antwort ist richtig.

49) Republik, Monarchie

A. König
B. Staatsform
C. Demokratie
D. Staat
E. Keine Antwort ist richtig.

50) Ampere, Volt

A. Widerstand
B. Elektrizität
C. Spannung
D. Leitung
E. Keine Antwort ist richtig.

Meinung oder Tatsache? *Bearbeitungszeit 5 Minuten*

Handelt es sich bei der vorgestellten Aussage um eine Meinung oder um eine Tatsache?

Hierzu ein Beispiel

Aufgabe

1) Alle Katzen sind schwarz.

☐ Meinung ☐ Tatsache

Antwort

☒ Meinung

Es handelt sich um eine subjektive Annahme, noch dazu um eine falsche: Es gibt schließlich auch Katzen mit anderen Fellfarben.

Bitte bearbeiten Sie nun die Aufgaben: Kreuzen Sie an, ob die vorgestellte Aussage eine Meinung oder eine Tatsache darstellt.

51) Was im Horoskop steht, trifft fast immer zu.

☐ Meinung ☐ Tatsache

52) Die Elbe entspringt in Tschechien und mündet in die Nordsee.

☐ Meinung ☐ Tatsache

53) Das Universum ist göttlich.

☐ Meinung ☐ Tatsache

54) Die ersten Menschen hießen Adam und Eva.

☐ Meinung ☐ Tatsache

55) Im Zentrum unseres Planetensystems befindet sich die Sonne.

☐ Meinung ☐ Tatsache

56) Cristiano Ronaldo und Lionel Messi sind die besten Fußballer der Welt.

☐ Meinung ☐ Tatsache

57) Jede Aufgabe ist zu lösen, wenn man sich anstrengt.

☐ Meinung ☐ Tatsache

58) Wenn die Sonne scheint, haben wir gutes Wetter.

☐ Meinung ☐ Tatsache

59) Muskeln wiegen mehr als Fett.

☐ Meinung ☐ Tatsache

60) Jeder ist sich selbst der Nächste.

☐ Meinung ☐ Tatsache

Schlussfolgerungen *Bearbeitungszeit 10 Minuten*

Jede Aufgabe konfrontiert Sie mit mehreren Aussagen. Welche Schlussfolgerung lässt sich daraus ziehen? Ob die Aussagen in einem sinnvollen Bezug zur Realität stehen, ist hierbei unerheblich.

61) Welches Auto ist das langsamste?

¬ Auto D ist langsamer als Auto C, aber schneller als Auto B.
¬ Auto A ist mindestens so schnell wie Auto C.

A. Auto A
B. Auto B
C. Auto C
D. Auto D
E. Keine Antwort ist richtig.

62) Welche Schlussfolgerung ist logisch richtig, wenn die folgende Behauptung zugrunde gelegt wird? „Manche schlechten Schüler bekommen Strafarbeiten oder schlechte Noten. Klaus ist ein guter Schüler."

A. Klaus bekommt keine Strafarbeit.
B. Klaus bekommt keine schlechten Noten.
C. Manche Schüler bekommen Strafarbeiten oder schlechte Noten.
D. Manche Schüler bekommen Strafarbeiten und schlechte Noten.
E. Keine Antwort ist richtig.

63) Welcher Holzbalken ist am längsten?

¬ Holzbalken A ist kürzer als Holzbalken C.
¬ Holzbalken B ist länger als Holzbalken A.
¬ Holzbalken D ist etwas länger als Holzbalken B, aber kürzer als Holzbalken C.

A. Holzbalken A
B. Holzbalken B
C. Holzbalken C
D. Holzbalken D
E. Keine Antwort ist richtig.

64) Welche Schlussfolgerung ist logisch richtig, wenn die folgende Behauptung zugrunde gelegt wird? „Manche Sportler sind Fußballer oder Tennisspieler. Fußballer sind häufiger verletzt als Tennisspieler."

A. Manche Sportler sind seltener verletzt als andere.
B. Verletzte Sportler sind Fußballer.
C. Alle verletzten Sportler sind Fußballer oder Tennisspieler.
D. Fußballer sind häufig verletzt.
E. Keine Antwort ist richtig.

65) Welche Schlussfolgerung ist logisch richtig, wenn die folgende Behauptung zugrunde gelegt wird? „Marc ist unbegabt. Wenn Marc unbegabt ist, dann malt er gerne."

A. Marc ist begabt und malt gerne.
B. Marc ist unbegabt und malt gerne.
C. Marc malt nicht gerne.
D. Marc ist begabt und malt nicht gerne.
E. Keine Antwort ist richtig.

66) Welche Person ist am größten?

¬ Bernd ist größer als Silke.
¬ Klaus ist kleiner als Alfred.
¬ Klaus ist größer als Silke.
¬ Bernd ist größer als Alfred.

A. Alfred
B. Bernd
C. Klaus
D. Silke
E. Keine Antwort ist richtig.

67) Welche Schlussfolgerung ist logisch richtig, wenn die folgende Behauptung zugrunde gelegt wird? „Peter arbeitet gerade oder liest ein Buch. Peter liest gerne Geschichtsbücher, aber heute liest er kein Buch."

A. Peter arbeitet nicht.
B. Peter arbeitet.
C. Peter liest ein Buch.
D. Peter liest ein Buch, wenn er arbeitet.
E. Keine Antwort ist richtig.

68) Welche Schlussfolgerung ist logisch richtig, wenn die folgende Behauptung zugrunde gelegt wird? „Peter möchte heute entweder fernsehen oder Alex besuchen. Peter besucht Alex. Also …"

A. sieht Peter fern.
B. sieht Peter mit Alex fern.
C. sieht Peter nicht fern.
D. sieht Alex nicht fern.
E. Keine Antwort ist richtig.

69) Welche Schlussfolgerung ist logisch richtig, wenn die folgende Behauptung zugrunde gelegt wird? „Wenn Kurt mit der Schule fertig ist, dann macht er eine Ausbildung. Wenn Kurt eine Ausbildung macht, dann hat er ein Auto. Kurt hat kein Auto. Also …"

A. ist Kurt nicht mit der Schule fertig und macht eine Ausbildung.
B. macht Kurt eine Ausbildung.
C. ist Kurt nicht mit der Schule fertig.
D. ist Kurt mit der Schule fertig.
E. Keine Antwort ist richtig.

70) Welche Schlussfolgerung ist logisch richtig, wenn die folgende Behauptung zugrunde gelegt wird? „Alle Bilder sind Flaschen. Die meisten Flaschen sind Dosen. Dosen kann man mieten. Bilder kann man sowohl kaufen als auch mieten, was bei Flaschen und Dosen nicht der Fall ist. Also …"

A. ist eine Flasche eine Dose und eine Dose ein Bild.

B. sind Dosen teuer, wenn auch Bilder teuer sind.

C. sind Bilder günstig, wenn Flaschen günstig sind.

D. kann man alle Flaschen mieten.

E. Keine Antwort ist richtig.

Flussdiagramme

Bearbeitungszeit 5 Minuten

Flussdiagramme sind ein Mittel, um Vorgänge mit verschiedenen Verlaufsalternativen anschaulich abzubilden: So lassen sich verzweigte Abläufe planen, steuern und erklären.

Hierzu ein Beispiel

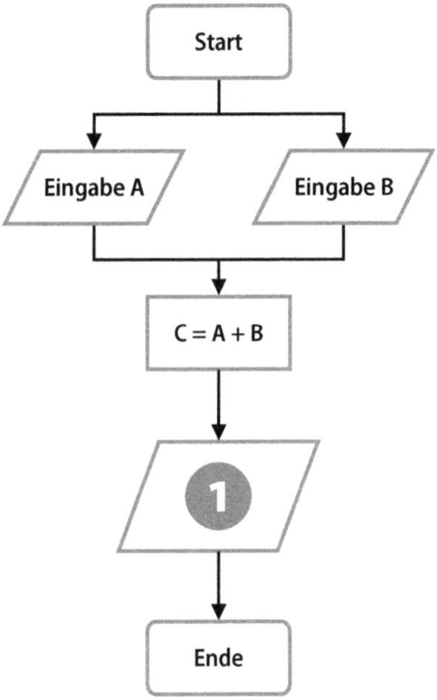

Aufgabe

1) Wofür steht die Zahl 1 im Flussdiagramm?

A. Ausgabe C
B. Ausgabe A
C. Ausgabe B
D. Eingabe A
E. Keine Antwort ist richtig.

Antwort

(A.) Ausgabe C

Im abgebildeten Prozess werden zwei Variablen A und B eingegeben und zum Ergebnis C addiert. Sinnvollerweise wird dieses Ergebnis anschließend ausgegeben, also z. B. auf einem Monitor angezeigt.

Wie funktionieren Flussdiagramme?

Ein Flussdiagramm besteht aus verschiedenen Symbolen, die beschriftet und durch waagerechte oder senkrechte Verlaufspfeile miteinander verbunden sind. Die Symbole lassen sich grob in fünf Gruppen einordnen:

- **Rechtecke mit abgerundeten Ecken** stehen für Prozessbeginn und -ende.
- **Rauten** stellen Bedingungen dar.
- **Rechtecke** symbolisieren eigene, in sich geschlossene Unterprozesse.
- **Ovale** kennzeichnen Entscheidungen oder Konsequenzen.
- **Parallelogramme** stehen für prozessinterne Ein- und Ausgaben (Inputs/Outputs).

Warenwirtschaftssystem

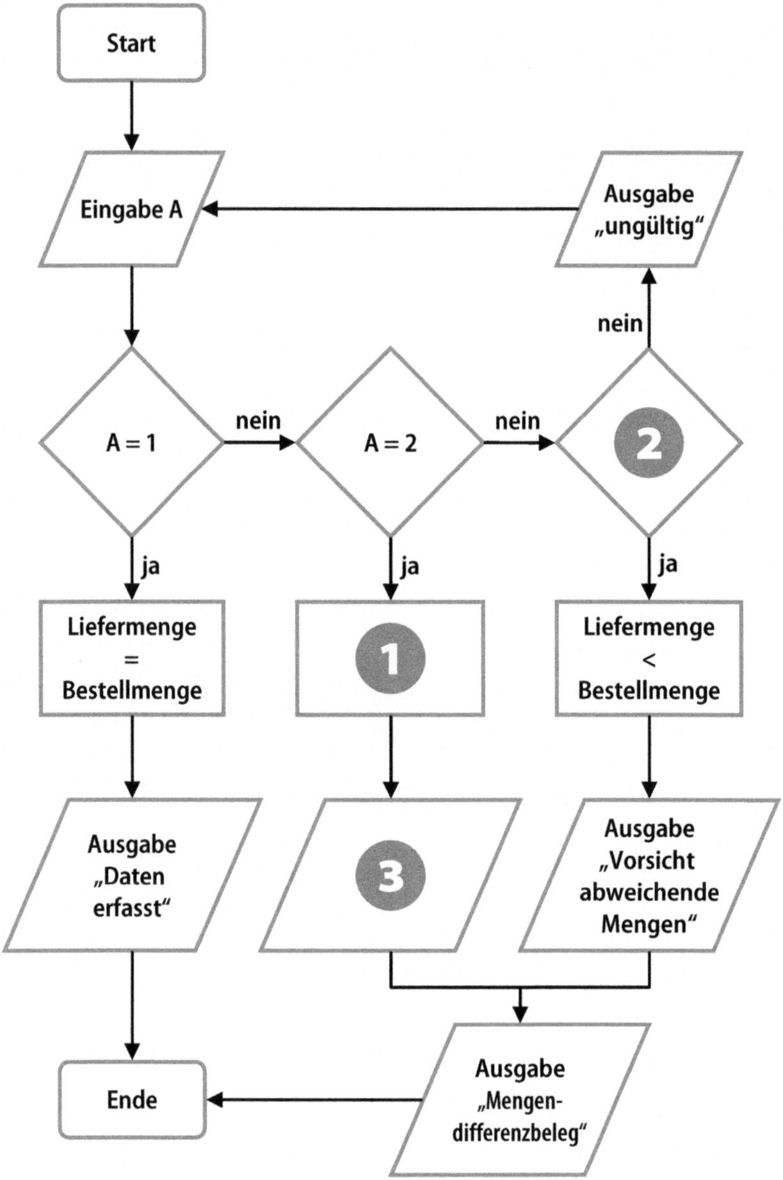

Bitte bearbeiten Sie nun die Aufgaben: Markieren Sie jeweils den Lösungsbuchstaben des richtigen Antwortvorschlags. Sie haben dafür **5 Minuten** Zeit.

71) Durch welche der Antworten wird die Zahl 1 im Flussdiagramm sinnvoll ersetzt?

A. Bestellmengen und Liefermengen stimmen überein
B. Mengendifferenzbeleg wird gedruckt
C. Eingabe falsch
D. Liefermenge > Bestellmenge
E. Bestellmenge > Liefermenge

72) Durch welche der Antworten wird die Zahl 2 im Flussdiagramm sinnvoll ersetzt?

A. B = A + C
B. Ende
C. Eingabe B
D. A = 3
E. Ausgabe Faxbeleg

73) Durch welche der Antworten wird die Zahl 3 im Flussdiagramm sinnvoll ersetzt?

A. Liefermenge = Bestellmenge
B. Ausgabe „Vorsicht abweichende Mengen"
C. Ausgabe „Mengen stimmen überein"
D. Eingabe neue Menge
E. Ausgabe „Menge nicht möglich"

74) Was passiert, wenn Sie für Variable A einen Wert von 2 eingeben?

A. Ausgabe „Menge neu eingeben"
B. Eingabe A
C. Ausgabe „ungültig"
D. Ausgabe „Vorsicht abweichende Mengen"
E. Ausgabe „Daten erfasst"

75) Was passiert, wenn Sie für Variable A einen Wert von 5 eingeben?

A. Ausgabe „Vorsicht abweichende Mengen"
B. Ausgabe „Mengendifferenzbeleg"
C. Ausgabe „ungültig"
D. B = 5 + A
E. Ausgabe „Daten erfasst"

Lösungen: Logisches Denkvermögen

1) B	26) D	51) Meinung
2) D	27) C	52) Tatsache
3) C	28) E	53) Meinung
4) A	29) E	54) Meinung
5) B	30) B	55) Tatsache
6) B	31) A	56) Meinung
7) D	32) A	57) Meinung
8) C	33) C	58) Meinung
9) B	34) E	59) Tatsache
10) A	35) C	60) Meinung
11) B	36) B	61) B
12) E	37) D	62) C
13) D	38) B	63) C
14) E	39) C	64) A
15) A	40) D	65) B
16) B	41) D	66) B
17) C	42) C	67) B
18) D	43) A	68) E
19) A	44) A	69) C
20) C	45) D	70) C
21) C	46) B	71) D
22) C	47) D	72) D
23) D	48) C	73) B
24) A	49) B	74) D
25) E	50) B	75) C

Zahlenreihen (Aufgaben 1–10)

Zu 1) B. 36

+6 | +5 | +4 | +3 | +2

Zu 2) D. $^{32}/_{4}$

×2 | ×2 | ×2 | ×2

Zu 3) C. 18

–4 | +4 | –3 | +3 | –2

Zu 4) A. $^{45}/_{4}$

÷4 | ×3 | ÷4 | ×3 | ÷4

Zu 5) B. 16

x | y | x + 2 | y – 2 | x + 2 + 2 | y – 2 – 2 | x + 2 + 2 + 2

Zu 6) B. 6

÷2 | ×3 | ÷2 | ×4 | ÷2

Zu 7) D. 256

Die jeweils nächste Zahl ergibt sich aus der Multiplikation ihrer beiden Vorläuferinnen.

Zu 8) C. 32

x | y | x + 4 | y × 2 | x + 4 + 4 | y × 2 × 2 | x + 4 + 4 + 4 | y × 2 × 2 × 2

Zu 9) B. 29

Es handelt sich um Primzahlen in aufsteigender Folge. Primzahlen sind nur durch sich selbst und 1 teilbar.

Zu 10) A. 937

–7 | ×6 | –5 | ×4 | –3

Zahlenmatrizen (Aufgaben 11–20)

Zu 11) B. 88

Anstelle der 88 müsste die 78 stehen. Richtige Rechnung: 54 + 24 = 78

38	+	54	=	92
+	+	+		
42	+	24	=	66
=		=	=	
80		88		62

Zu 12) E. 5

In jeder Spalte wird von oben nach unten bei jedem Schritt durch 4 geteilt. In jeder Reihe wird von links nach rechts bei jedem Schritt durch 2 geteilt. Anstelle der 5 müsste links unten eine 4 stehen.

64	÷2	32	÷2	16
÷4		÷4		÷4
16	÷2	8	÷2	4
÷4		÷4		÷4
4	÷2	2	÷2	1

Zu 13) D. 24

Das Fragezeichen wird durch die Zahl 24 sinnvoll ersetzt.

Waagerecht, senkrecht und diagonal werden Reihen in 6er-Schritten gebildet (aufsteigend von links nach rechts sowie von unten nach oben).

Zu 14) E. 11

Jede Zahl ist die Differenz der beiden Zahlen darunter. Im fraglichen Feld erhält man: 24 – 13 = 11.

1. Reihe: 9 – 8 = 1

2. Reihe: 20 – 11 = 9; 11 – 3 = 8

3. Reihe: 33 – 13 = 20; 24 – 13 = 11; 24 – 21 = 3

Zu 15) A. 1

Beide Quadrate sind gleich aufgebaut: Multiplizieren Sie die Summe der zwei oberen Zahlen mit der linken unteren Zahl, und Sie erhalten die rechte untere Zahl.

Linkes Quadrat: (1 + 2) × 3 = 9

Rechtes Quadrat: (3 + 1) × 2 = 8

Zu 16) B. 28

Das Fragezeichen wird durch die Zahl 28 sinnvoll ersetzt. Die obere Reihe und die linke Spalte sind vorgegeben. Jede weitere Zahl erhält man, indem man die jeweils darüber stehende Zahl mit ihrem linken Nachbarn addiert. So berechnet sich die gesuchte Zahl aus 12 + 16 = 28.

Zu 17) C. 18

Das Fragezeichen wird durch die Zahl 18 sinnvoll ersetzt.

Die Quersummen zweier benachbarten Zahlen einer Ebene ergeben addiert die jeweils darüber stehende Zahl. Beispiel links unten: (4 + 3) + (9 + 7) = 23. An der Spitze ergibt 9 + 9 = 18.

Zu 18) D. 10

Das Fragezeichen wird durch die Zahl 10 sinnvoll ersetzt.

Die Addition der Zahlen einer Spalte, einer Zeile oder einer Diagonalen führt immer zum Ergebnis 34. Das Quadrat ist zudem ein magisches Quadrat, das heißt jede Zahl von 1 bis 16 kommt nur einmal vor.

Zu 19) A. 28

Das Fragezeichen wird durch die Zahl 28 sinnvoll ersetzt. Die Reihen werden senkrecht nach folgendem Prinzip gebildet:

Addieren Sie 7 zur jeweils oben stehenden Zahl. Multiplizieren Sie anschließend mit 2 und teilen Sie den erhaltenen Wert schließlich durch 4.

+7 | ×2 | ÷4

(Rechnung in senkrechter Richtung)

Zu 20) C. 5

Das Fragezeichen wird durch die Zahl 5 sinnvoll ersetzt. Die Multiplikation der Zahlen einer Reihe oder Spalte führt immer zum Ergebnis 200.

Wörter erkennen (Aufgaben 21–30)

Zu 21) C. H

Hotel

Zu 22) C. B

Bezug

Zu 23) D. M

Milch

Zu 24) A. S

Strang

Zu 25) E. L

Locken

Zu 26) D. P

Pferd

Zu 27) C. H

Honig

Zu 28) E. F

Frech

Zu 29) E. A

Ausgang

Zu 30) B. P

Porträt

Sprachanalogien (Aufgaben 31–40)

Zu 31) A. schießen

Ein Ball wird geworfen, mit einer Pistole wird geschossen.

Zu 32) A. Schwimmbecken

Der Fußballer übt seinen Sport auf dem Fußballplatz aus, der Schwimmer im Schwimmbecken.

Zu 33) C. Gleis

Der passende Untergrund für Autos sind Straßen, Züge fahren auf Gleisen.

Zu 34) E. fliegen

„Auto" verhält sich zu „Flugzeug" wie „fahren" zu „fliegen".

Zu 35) C. Uhr

Auf der Skala eines Thermometers liest man die Temperatur ab, auf dem Ziffernblatt einer Uhr die Uhrzeit.

Zu 36) B. Bundespräsident

Oberster Repräsentant Spaniens ist der König, in Deutschland übt diese Funktion der Bundespräsident aus.

Zu 37) D. Rechen

Der Kamm ist ein Werkzeug zur Ausrichtung der Haare und Beseitigung von Verschmutzungen, der Rechen hat diese Funktion für den Rasen.

Zu 38) B. Flugzeug

Die Garage ist ein geschlossener Abstellplatz für das Auto, der Hangar hat diese Funktion für Flugzeuge.

Zu 39) C. Literatur

Ein Instrument fällt in den künstlerischen Bereich der Musik, ein Buch ist dem Genre Literatur zuzuordnen.

Zu 40) D. Getreide

Wein gewinnt man aus Trauben, zur Herstellung von Brot verwendet man Getreide.

Oberbegriffe (Aufgaben 41–50)

Zu 41) D. Werkzeug

Schraubenzieher und Zange sind Werkzeuge.

Zu 42) C. Besteck

Teelöffel und Messer sind Besteckteile.

Zu 43) A. Fahrzeug

Auto und Fahrrad sind Fahrzeuge.

Zu 44) A. Auto

Bremse und Motor sind Teile des Autos.

Zu 45) D. Erziehung

Anstand und Benehmen sind Eigenschaften, die in der Erziehung gelehrt werden.

Zu 46) B. Berge

Die Zugspitze ist ein europäischer Berg und der K2 ein asiatischer.

Zu 47) D. Nahrungsmittel

Die Butter und das Brot sind Nahrungsmittel.

Zu 48) C. Auge

Die Linse und die Iris sind Teile des Augapfels von Menschen und Wirbeltieren.

Zu 49) B. Staatsform

Die Republik und die Monarchie sind Staatsformen. Eine Monarchie zeichnet sich durch die Alleinherrschaft meist eines Königs oder Kaisers aus. Ihr Gegenmodell ist die am Gemeinwesen und Gemeinwohl orientierte Republik.

Zu 50) B. Elektrizität

Ampere und Volt sind Maßeinheiten aus dem Bereich der Elektrizität: In Ampere werden Stromstärken angegeben, in Volt Spannungen.

Meinung oder Tatsache? (Aufgaben 51–60)

Zu 51) Meinung

Alle einschlägigen wissenschaftlichen Studien haben ergeben, dass Horoskope keinerlei Vorhersagekraft haben, wenngleich sich ein gewisser Unterhaltungswert oft nicht absprechen lässt. Es handelt sich hier also um eine nicht durch Fakten gestützte Meinung.

Zu 52) Tatsache

Der Flusslauf der Elbe ist gut dokumentiert und lässt sich präzise nachvollziehen.

Zu 53) Meinung

Die Existenz Gottes ist eine Glaubensfrage, die sich nicht objektiv beantworten lässt. Hier handelt es sich um eine Meinung.

Zu 54) Meinung

Dass die ersten Menschen Adam und Eva hießen, steht in der Bibel und gehört somit in den Bereich des Glaubens. Da es keine wissenschaftlichen Untersuchungen gibt, die die biblische Version stützen, handelt es sich hier um eine Meinung.

Zu 55) Tatsache

Die Sonne ist das Zentralgestirn unseres Planetensystems, das von den Planeten umkreist wird – diese Erkenntnis ist wissenschaftlich hieb- und stichfest abgesichert.

Zu 56) Meinung

Welche Kriterien einen Fußballer zum weltbesten seiner Zunft machen, darüber lässt sich streiten: sind es Tore, Torvorlagen, errungene Titel, spektakuläre Dribblings, gewonnene Zweikämpfe, besondere taktische Fähigkeiten oder etwas ganz anderes? Die Aussage gibt also eine Meinung wieder.

Zu 57) Meinung

Diese Aussage ist leicht zu widerlegen, indem man sich Aufgaben vorstellt, die grundsätzlich nicht zu bewältigen sind: Kein Mensch kann zum Beispiel ohne technische Hilfsmittel zum Mond fliegen. Es handelt sich hier also um eine Meinung.

Zu 58) Meinung

Streng genommen scheint die Sonne auch dann, wenn wir sie nicht sehen, da sie ihre Strahlung völlig unbeeinflusst von irdischen Witterungsverhältnissen abgibt. Und ganz abgesehen davon: Welches Wetter gut oder schlecht ist, darf jeder für sich selbst entscheiden – es handelt sich um ein Geschmacksurteil und somit um eine subjektive Meinung.

Zu 59) Tatsache

Ein Kilogramm Muskeln hat weniger Volumen als ein Kilogramm Körperfett. Das bedeutet, dass bei gleichem Volumen das Muskelgewebe schwerer ist. Also handelt es sich um eine Tatsache.

Zu 60) Meinung

Dieses Pauschalurteil unterstellt, dass alle Menschen Egoisten sind. Doch zum einen ist es Auslegungssache, ob man ein Verhalten als egoistisch bewertet oder nicht. Zum anderen gibt es keine einschlägige Studie, die jemals das Verhalten aller Menschen untersucht hätte. Hier handelt es sich also um eine Meinung.

Schlussfolgerungen (Aufgaben 61–70)

Zu 61) B. Auto B

Auto B ist am langsamsten, da die Autos C und D schneller sind und Auto A mindestens genauso schnell wie Auto C ist.

Zu 62) C. Manche Schüler bekommen Strafarbeiten oder schlechte Noten.

Die Antworten A und B sind falsch. Klaus ist zwar ein guter Schüler und bekommt daher eher keine Strafarbeit oder schlechte Noten, doch lässt sich das nicht ausschließen, da der Sachverhalt nicht explizit auf schlechte Schüler begrenzt ist. Antwort D ist falsch, da schlechte Schüler entweder Strafarbeiten oder schlechte Noten bekommen, aber nicht beides (Strafarbeiten und schlechte Noten). Antwort C ist korrekt – da auch schlechte Schüler Schüler sind, bekommen manche Schüler Strafarbeiten oder schlechte Noten.

Zu 63) C. Holzbalken C

Holzbalken A scheidet im Längenwettbewerb aus, da er kürzer als Holzbalken C ist. Da die Holzbalken D und B ebenfalls kürzer sind, macht Holzbalken C das Rennen. Absteigend nach Größe sortiert: Holzbalken C, Holzbalken D, Holzbalken B, Holzbalken A.

Zu 64) A. Manche Sportler sind seltener verletzt als andere.

Die Antworten B und C scheiden aus: Nicht zwingend sind es nur Fußballer oder Tennisspieler, die sich Blessuren zuziehen. Wie das Signalwort „manche" mitteilt, gibt es auch in anderen Disziplinen Sportler, die sich verletzen könnten. Möglichkeit D fällt weg, da die Aussage „Fußballer sind häufiger verletzt als Tennisspieler" keinen Rückschluss darauf zulässt, ob Fußballer auch im Vergleich zu anderen Sportlern häufig verletzt sind.

Zu 65) B. Marc ist unbegabt und malt gerne.

Hier handelt es sich um die logische Form des Modus ponens, der bestimmt: Wenn die Bedingung X erfüllt ist („wenn Marc unbegabt ist"), dann gilt auch Y („dann malt er gerne"). Da Marc laut den angegebenen Prämissen unbegabt ist, malt er demzufolge auch gerne – Antwort B stimmt. Die Antworten A und D fallen weg, da „Marc ist begabt" nicht zutrifft, denn er ist laut Prämissen unbegabt. Zudem trifft Antwort C nicht zu, da sich wie gezeigt schlussfolgern lässt, dass Marc gerne malt.

Zu 66) B. Bernd

Die richtige Reihenfolge von groß nach klein: Bernd, Alfred, Klaus, Silke.

Zu 67) B. Peter arbeitet.

Antwort B ist korrekt. Die Oder-Verknüpfung („Peter arbeitet gerade oder liest ein Buch") erfordert, dass wenigstens einer der beiden Sachverhalte zutrifft. Da er kein Buch liest, muss er also arbeiten.

Zu 68) E. Keine Antwort ist richtig.

Kein Antwortvorschlag stimmt. „Jemand möchte etwas tun" ist nicht dasselbe wie „jemand tut etwas". Wenn Peter Alex besucht, kann man laut Aufgabenstellung zwar davon ausgehen, dass er keine Lust auf Fernsehen hat. Das bedeutet aber nicht zwingend, dass er auch tatsächlich nicht fernsieht. Er könnte es ja zum Beispiel Alex zuliebe trotzdem tun.

Zu 69) C. ist Kurt nicht mit der Schule fertig.

Die Aussagen sind wie folgt miteinander verknüpft: Wenn X gilt („Kurt ist mit der Schule fertig"), dann gilt Y („Kurt macht eine Ausbildung"). Und wenn Y gilt („Kurt macht eine Ausbildung"), dann gilt auch Z („Kurt hat ein Auto"). Wenn im Umkehrschluss Z nicht erfüllt ist, können demnach auch Y und X nicht erfüllt sein. Da Kurt laut Prämissen kein Auto hat, macht er demzufolge keine Ausbildung und hat die Schule noch nicht beendet: Antwort C stimmt.

Zu 70) C. sind Bilder günstig, wenn Flaschen günstig sind.

„Bilder sind günstig, wenn Flaschen günstig sind" ist korrekt, da alle Bilder Flaschen sind und so auch über alle Eigenschaften von Flaschen verfügen. Antwort A ist falsch, da laut Prämissen nur einige („Die meisten Flaschen sind Dosen"), aber nicht alle Flaschen Dosen sind. Aus diesem Grund sind auch die Antworten B und D nicht richtig, da sich Eigenschaften wie der Preis oder die Vermietbarkeit nur übertragen ließen, wenn alle Flaschen Dosen wären.

Flussdiagramme (Aufgaben 71–75)

Zu 71) D. Liefermenge > Bestellmenge

Analog zum Ablauf bei der Bedingung A = 1 muss sich auch an die Bedingung A = 2 ein Vergleich von Liefer- und Bestellmenge anschließen. Die Möglichkeiten Liefermenge < Bestellmenge (dem entspricht Möglichkeit E: Bestellmenge > Liefermenge) und Liefermenge = Bestellmenge sind bereits erfasst, die richtige Lösung ist also D: Liefermenge > Bestellmenge.

Zu 72) D. A = 3

Gefragt ist – angezeigt durch das Raute-Symbol – nach einer Bedingung. Alle Möglichkeiten außer D lassen sich somit ausschließen.

Zu 73) B. Ausgabe „Vorsicht abweichende Mengen"

A und D sind keine Ausgaben und entfallen daher. Die gesuchte Ausgabe führt zur weiteren Ausgabe „Mengendifferenzbeleg". Es muss sich also um die Feststellung abweichender Mengen handeln.

Zu 74) D. Ausgabe „Vorsicht abweichende Mengen"

Ist A = 2, so ist die Liefermenge größer als die Bestellmenge. In diesem Fall wird „Vorsicht abweichende Mengen" ausgegeben.

Zu 75) C. Ausgabe „ungültig"

Eine solche Eingabe ist nicht vorgesehen, da alle Verhältnisse von Liefer- und Bestellmenge bereits durch A = 1, A = 2, und A = 3 abgedeckt sind. A = 5 führt also zur Ausgabe „ungültig" und fordert zu einer neuen Eingabe auf.

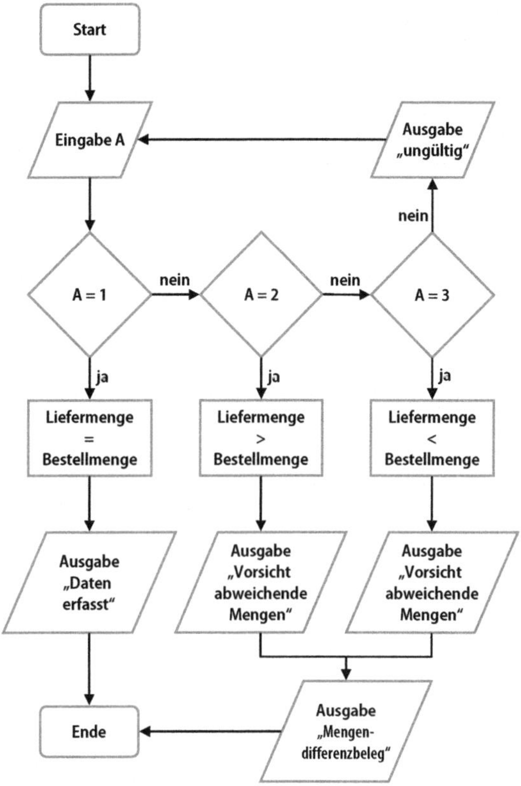

Lösungshinweis:

Das Diagramm bildet einen Ausschnitt der Warenverwaltung in einem Unternehmen ab. Nach der Ankunft einer Warenlieferung wird die erhaltene Liefermenge eines Produkts mit der Bestellmenge verglichen. Der Schlüssel A = 1 steht dabei für die exakte Übereinstimmung beider Mengen, A = 2 zeigt zu viel und A = 3 zu wenig gelieferte Ware an. Für den Fall, dass beide Mengen identisch sind, endet der Ablauf mit der Meldung, dass alle Daten (korrekt) erfasst wurden. In den beiden anderen Fällen wird zunächst eine Abweichung von Bestell- und Liefermenge festgestellt und daraufhin ein Beleg über die jeweilige Differenz ausgegeben.

Visuelles Denkvermögen

Räumliches Grundverständnis *Bearbeitungszeit 7½ Minuten*

Sie sehen einen Körper mit mehreren Flächen. Ihre Aufgabe besteht darin, die Anzahl der Flächen zu bestimmen.

Hierzu ein Beispiel

Aufgabe

1) Aus wie vielen Flächen setzt sich dieser Körper zusammen?

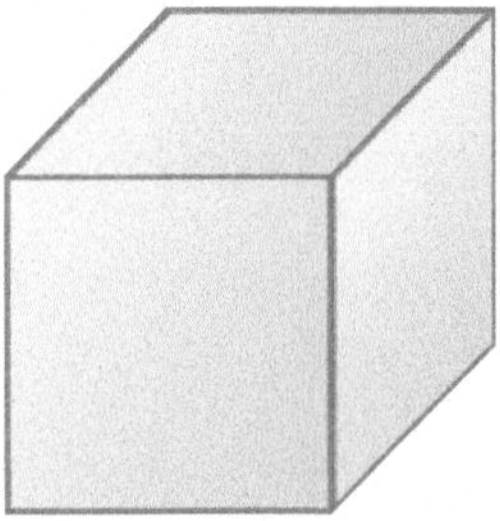

A. 6
B. 7
C. 8
D. 9
E. Keine Antwort ist richtig.

Antwort

(**A.**) 6

Der Körper besteht aus 6 Flächen.

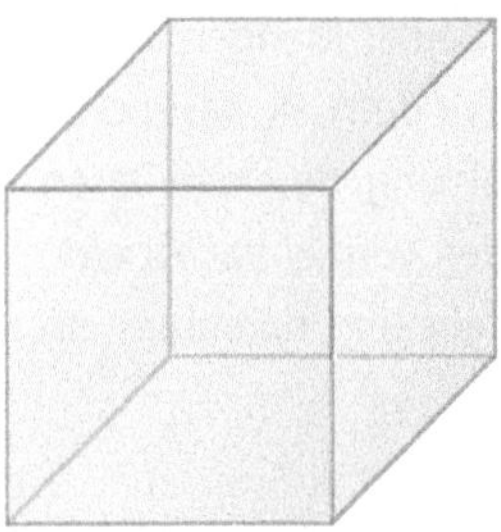

Bitte bearbeiten Sie nun die Aufgaben: Markieren Sie jeweils den Lösungsbuchstaben des richtigen Antwortvorschlags. Sie haben dafür **7½ Minuten** Zeit.

1) Aus wie vielen Flächen setzt sich dieser Körper zusammen?

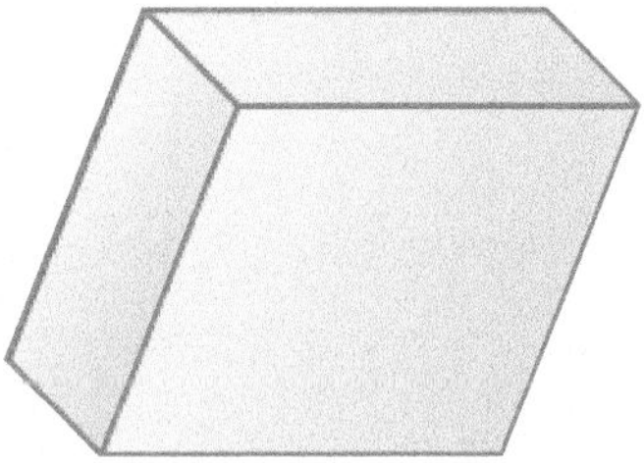

A. 3
B. 4
C. 5
D. 6
E. Keine Antwort ist richtig.

2) Aus wie vielen Flächen setzt sich dieser Körper zusammen?

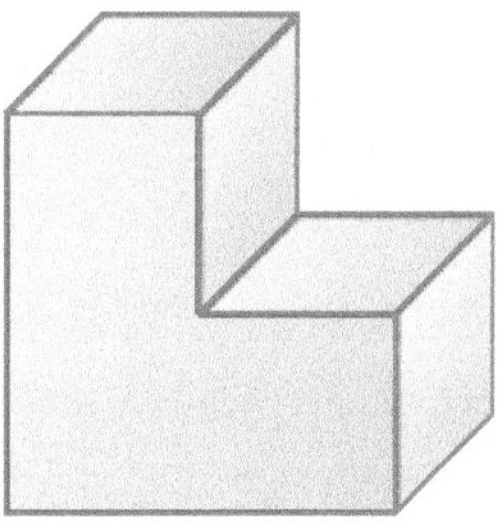

A. 6
B. 7
C. 8
D. 9
E. Keine Antwort ist richtig.

3) Aus wie vielen Flächen setzt sich dieser Körper zusammen?

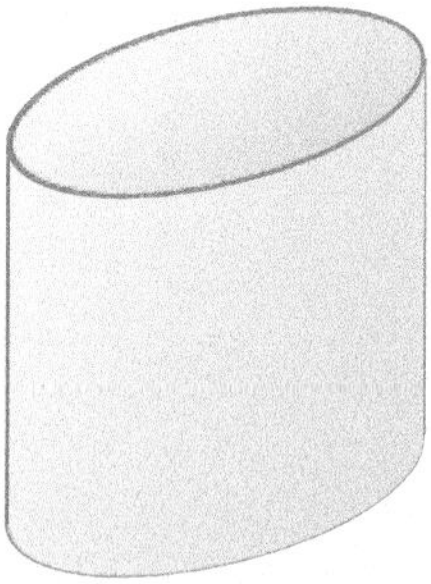

A. 1
B. 2
C. 3
D. 4
E. Keine Antwort ist richtig.

4) Aus wie vielen Flächen setzt sich dieser Körper zusammen?

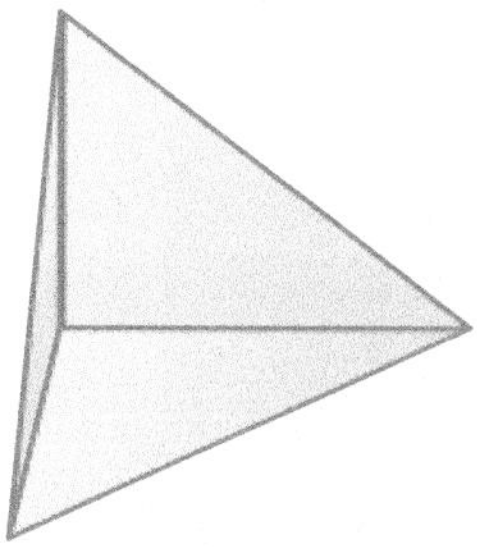

A. 1
B. 2
C. 3
D. 4
E. Keine Antwort ist richtig.

5) Aus wie vielen Flächen setzt sich dieser Körper zusammen?

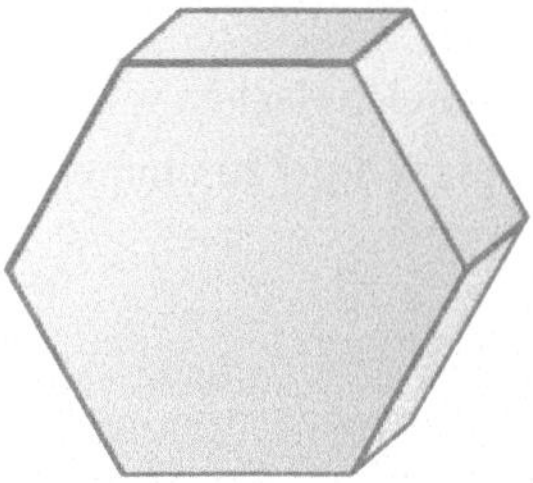

A. 6
B. 7
C. 8
D. 9
E. Keine Antwort ist richtig.

6) Aus wie vielen Flächen setzt sich dieser Körper zusammen?

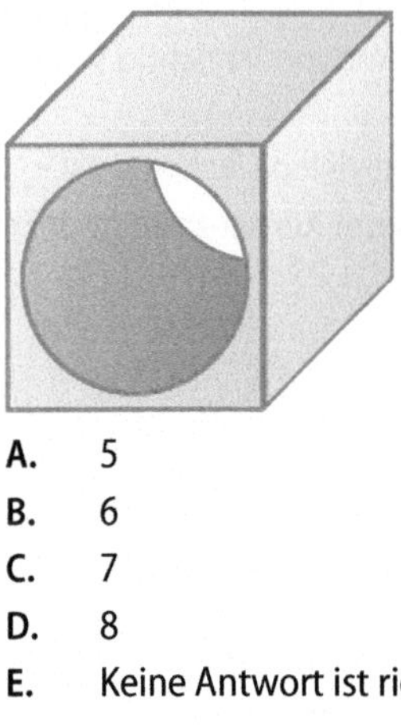

A. 5
B. 6
C. 7
D. 8
E. Keine Antwort ist richtig.

7) Aus wie vielen Flächen setzt sich dieser Körper zusammen?

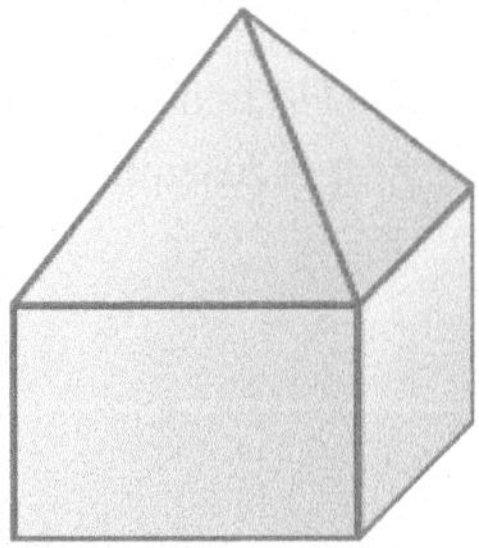

A. 7
B. 8
C. 9
D. 10
E. Keine Antwort ist richtig.

8) Aus wie vielen Flächen setzt sich dieser Körper zusammen?

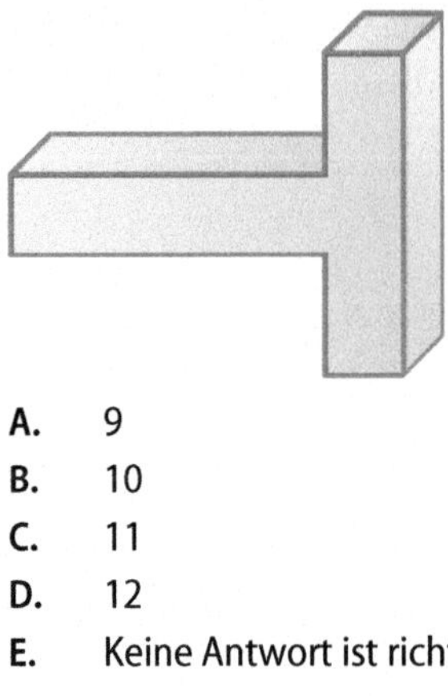

A. 9
B. 10
C. 11
D. 12
E. Keine Antwort ist richtig.

9) Aus wie vielen Flächen setzt sich dieser Körper zusammen?

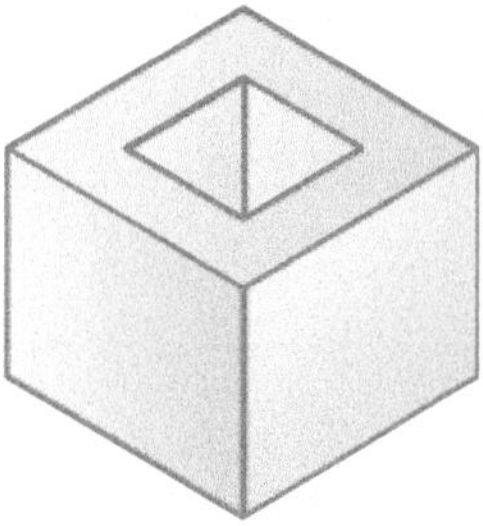

A. 9
B. 10
C. 12
D. 13
E. Keine Antwort ist richtig.

10) Aus wie vielen Flächen setzt sich dieser Körper zusammen?

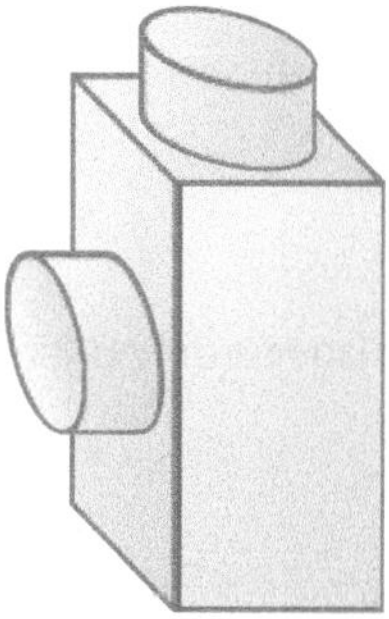

A. 6
B. 7
C. 8
D. 10
E. Keine Antwort ist richtig.

Faltvorlagen

Bearbeitungszeit 10 Minuten

Sie sehen jeweils eine Faltvorlage. Finden Sie heraus, welcher der fünf Körper A bis E daraus hergestellt werden kann.

Hierzu ein Beispiel

Aufgabe

1) Diese Faltvorlage ist die Außenseite eines Körpers.

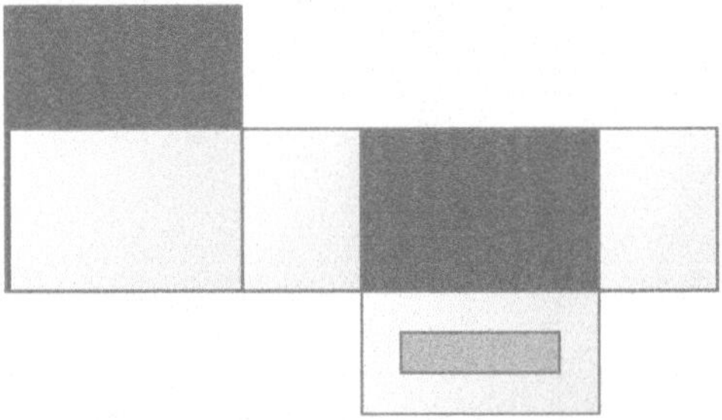

Welcher der Körper A bis E kann aus der Faltvorlage gebildet werden?

A **B** **C** **D** **E**

Antwort

(A)

Schwarze Seitenfläche im Fokus behalten, Quader zusammenfalten und 45 Grad im Uhrzeigersinn drehen.

Bitte bearbeiten Sie nun die Aufgaben: Markieren Sie jeweils den Lösungsbuchstaben des richtigen Antwortvorschlags. Sie haben dafür **10 Minuten** Zeit.

11) Diese Faltvorlage ist die Außenseite eines Körpers.

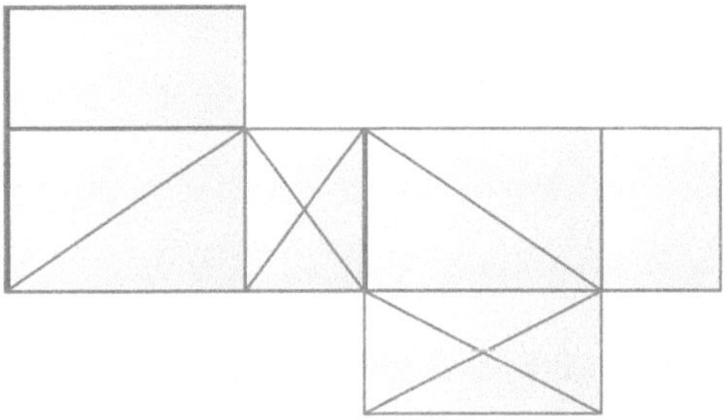

Welcher der Körper A bis E kann aus der Faltvorlage gebildet werden?

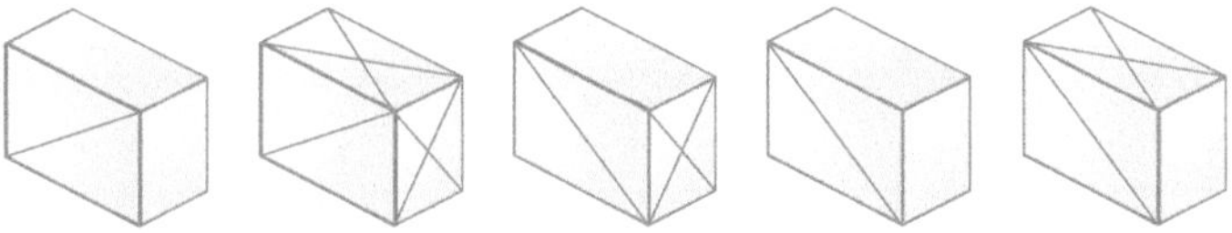

A B C D E

12) Diese Faltvorlage ist die Außenseite eines Körpers.

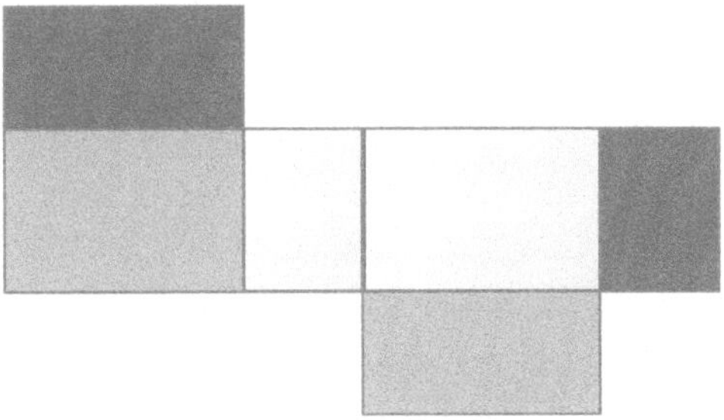

Welcher der Körper A bis E kann aus der Faltvorlage gebildet werden?

A B C D E

13) Diese Faltvorlage ist die Außenseite eines Körpers.

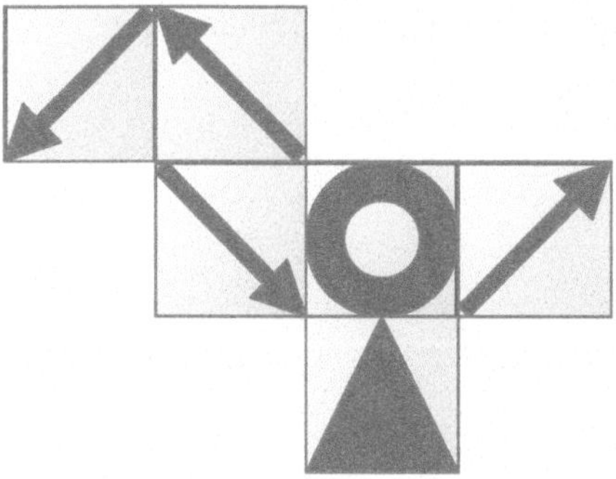

Welcher der Körper A bis E kann aus der Faltvorlage gebildet werden?

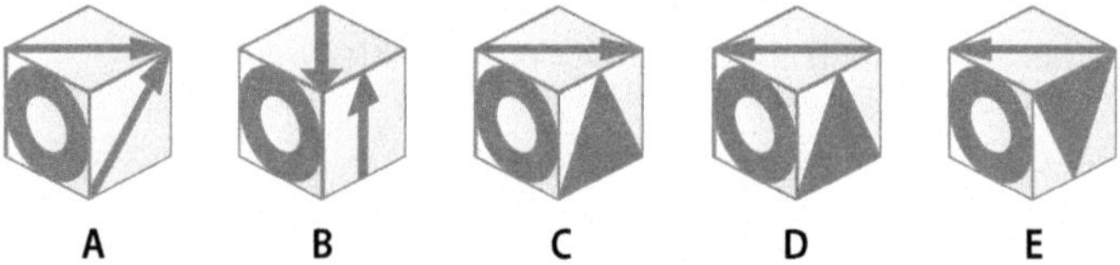

14) Diese Faltvorlage ist die Außenseite eines Körpers.

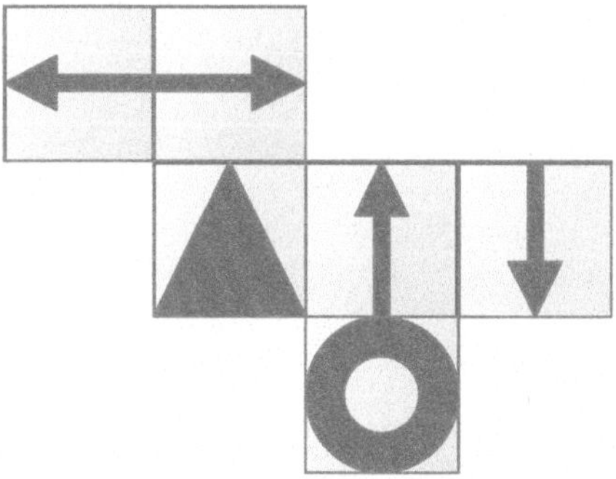

Welcher der Körper A bis E kann aus der Faltvorlage gebildet werden?

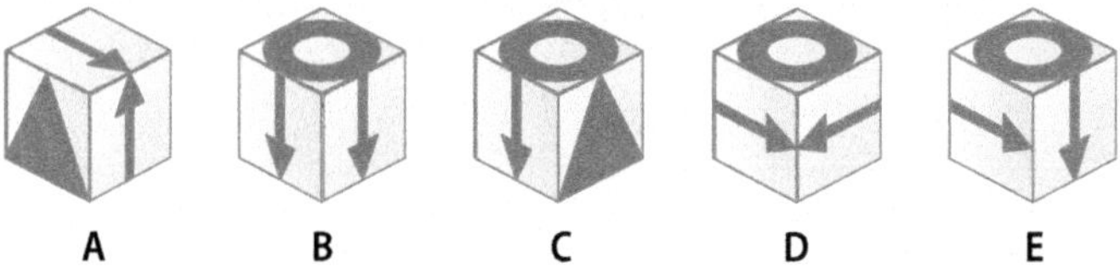

15) Diese Faltvorlage ist die Außenseite eines Körpers.

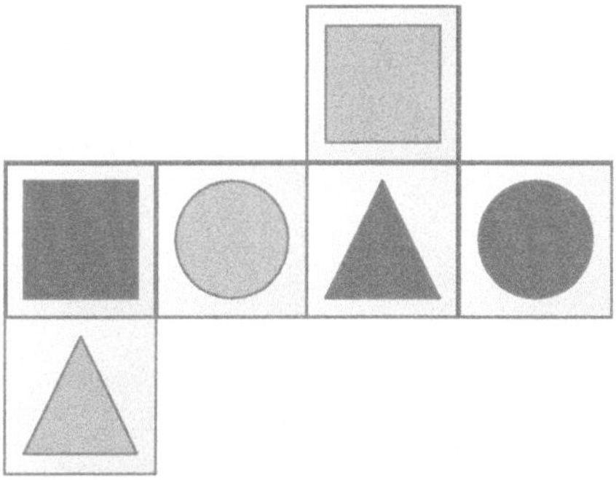

Welcher der Körper A bis E kann aus der Faltvorlage gebildet werden?

A B C D E

16) Diese Faltvorlage ist die Außenseite eines Körpers.

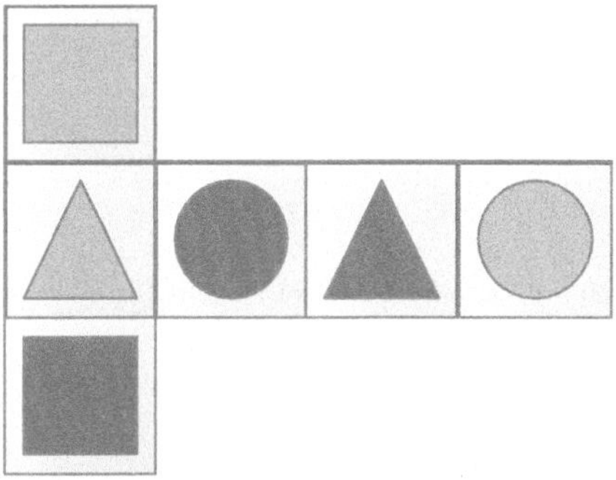

Welcher der Körper A bis E kann aus der Faltvorlage gebildet werden?

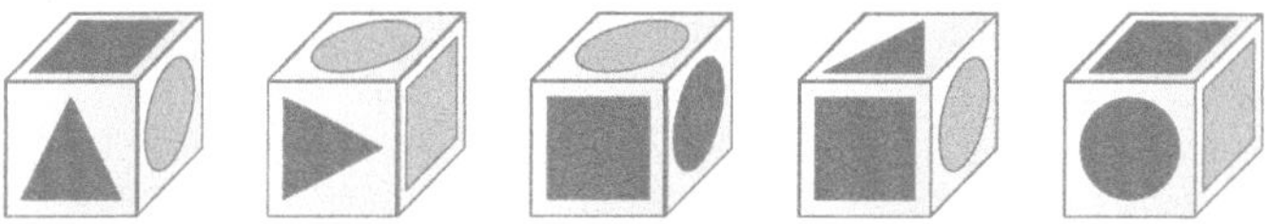

A B C D E

17) Diese Faltvorlage ist die Außenseite eines Körpers.

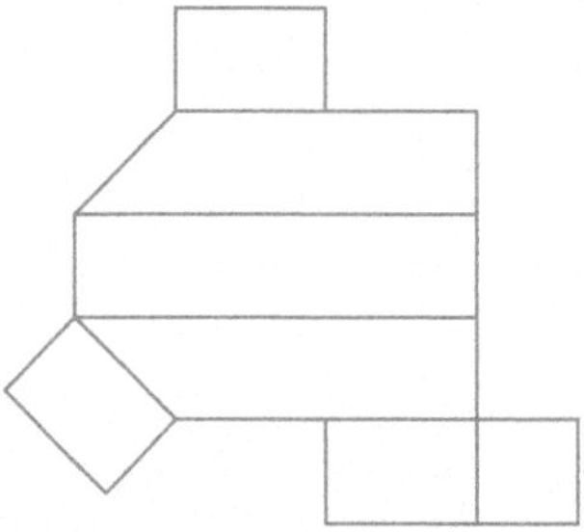

Welcher der Körper A bis E kann aus der Faltvorlage gebildet werden?

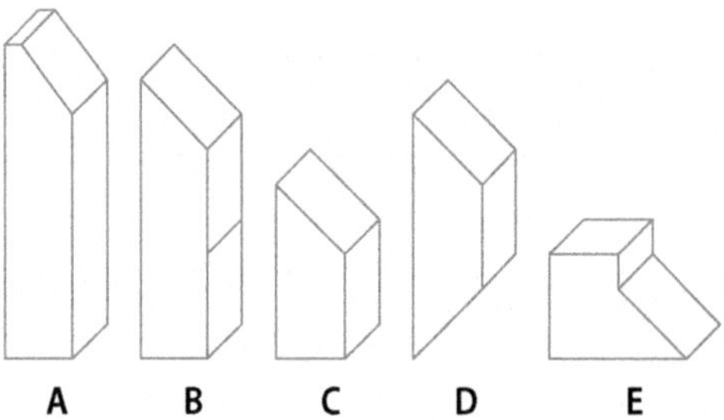

18) Diese Faltvorlage ist die Außenseite eines Körpers.

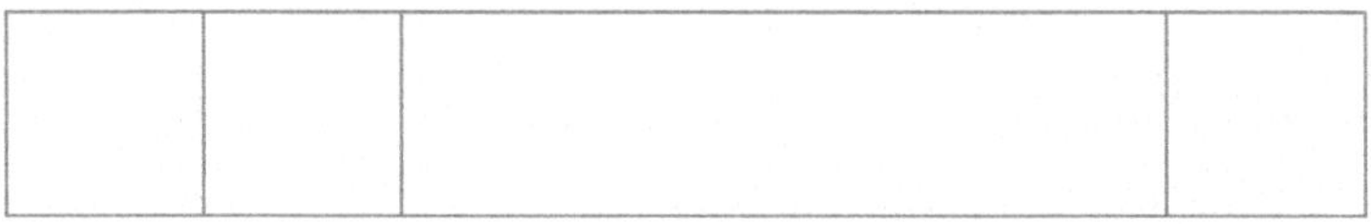

Welcher der Körper A bis E kann aus der Faltvorlage gebildet werden?

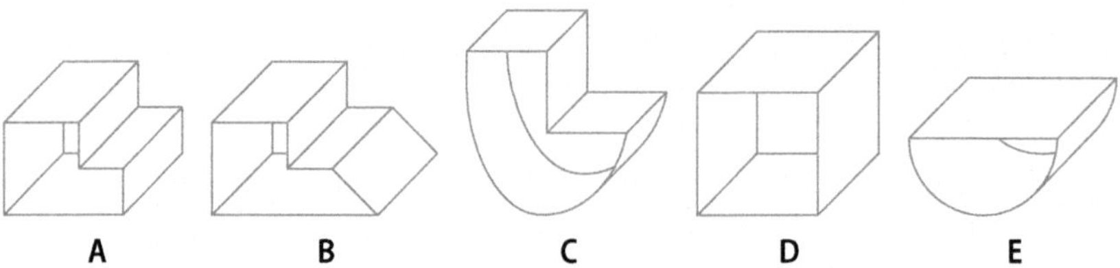

19) Diese Faltvorlage ist die Außenseite eines Körpers.

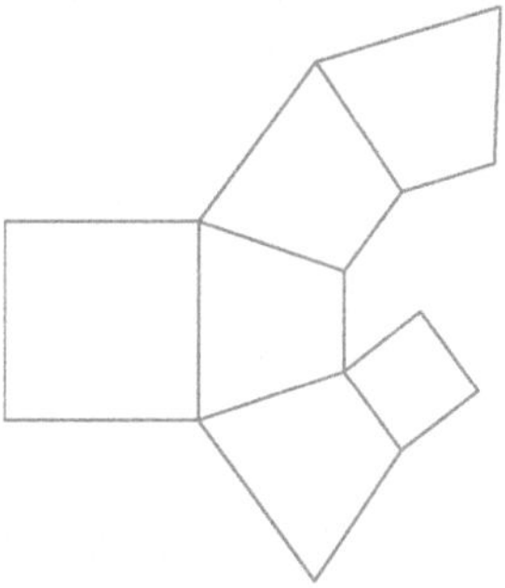

Welcher der Körper A bis E kann aus der Faltvorlage gebildet werden?

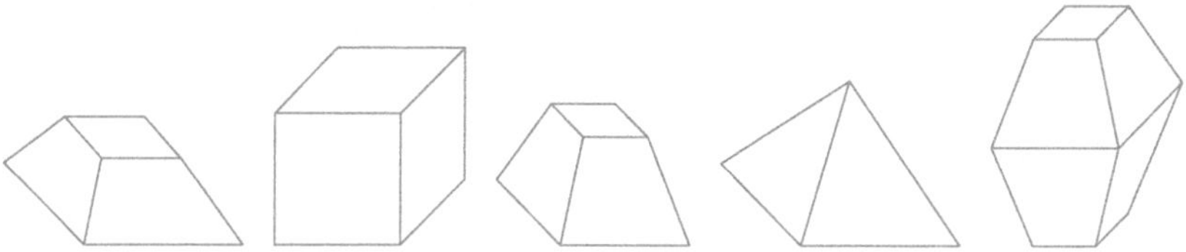

A **B** **C** **D** **E**

20) Diese Faltvorlage ist die Außenseite eines Körpers.

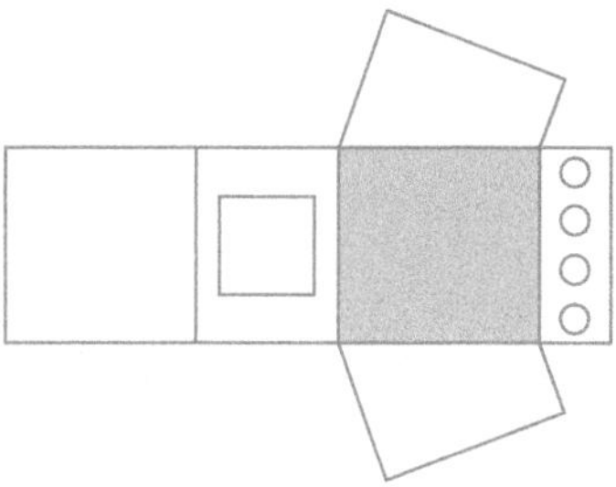

Welcher der Körper A bis E kann aus der Faltvorlage gebildet werden?

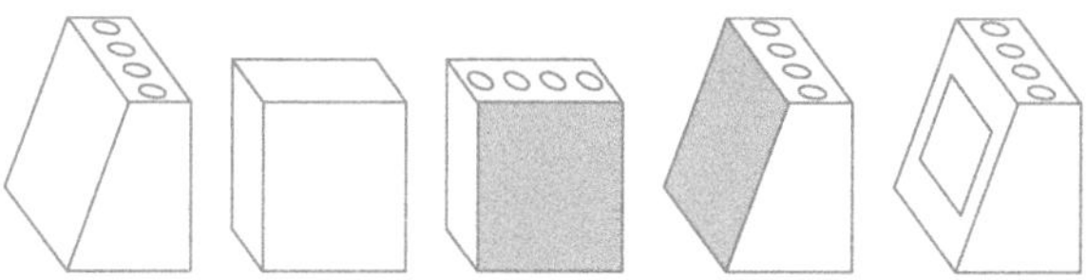

A **B** **C** **D** **E**

Spielwürfel drehen *Bearbeitungszeit 10 Minuten*

Die gegenüberliegenden Seiten eines Spielwürfels ergeben in der Summe immer die Augenzahl Sieben: Zeigt beispielsweise die Vorderseite eine „6", muss auf der Rückseite die „1" stehen. Daher können Sie von drei sichtbaren Würfelflächen auf die Lage aller anderen Flächen schließen.

Bitte führen Sie bei jeder Aufgabe die vorgegebenen Operationen durch und markieren Sie den Antwortbuchstaben der korrekten Lösung.

Hierzu ein Beispiel

Aufgabe

1) Der abgebildete Spielwürfel wird 90 Grad im Uhrzeigersinn gedreht.

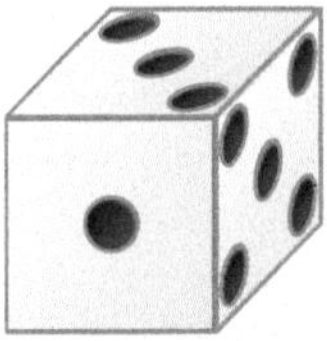

Welche Vorderansicht zeigt der Würfel nun?

A

B

C

D

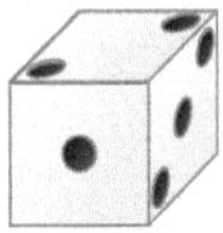
E

Antwort

(A)

Gegenprobe: Drehen Sie Lösungswürfel A 90 Grad gegen den Uhrzeigersinn.

Bitte bearbeiten Sie nun die Aufgaben: Markieren Sie jeweils den Lösungsbuchstaben des richtigen Antwortvorschlags. Sie haben dafür **10 Minuten** Zeit.

21) Der abgebildete Spielwürfel wird nach links gekippt und 90 Grad im Uhrzeigersinn gedreht.

Welche Vorderansicht zeigt der Würfel nun?

A B C D E

22) Der abgebildete Spielwürfel wird nach rechts gekippt und 90 Grad gegen den Uhrzeigersinn gedreht.

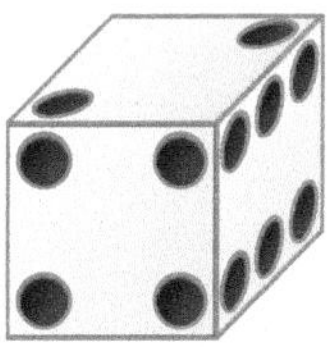

Welche Vorderansicht zeigt der Würfel nun?

A B C D E

23) Der abgebildete Spielwürfel wird nach links gekippt und 90 Grad gegen den Uhrzeigersinn gedreht.

Welche Vorderansicht zeigt der Würfel nun?

A B C D E

24) Der abgebildete Spielwürfel wird nach links gekippt und 90 Grad gegen den Uhrzeigersinn gedreht.

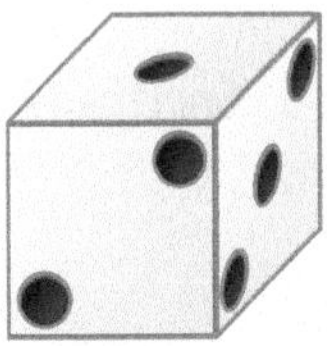

Welche Vorderansicht zeigt der Würfel nun?

A B C D E

25) Der abgebildete Spielwürfel wird nach links gekippt und 90 Grad gegen den Uhrzeigersinn gedreht.

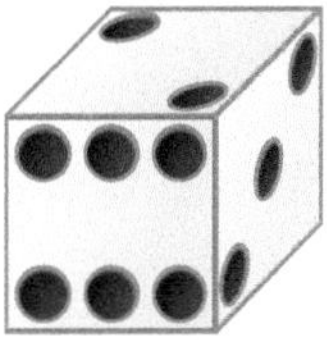

Welche Vorderansicht zeigt der Würfel nun?

A B C D E

26) Der abgebildete Spielwürfel wird nach hinten gekippt und 90 Grad im Uhrzeigersinn gedreht.

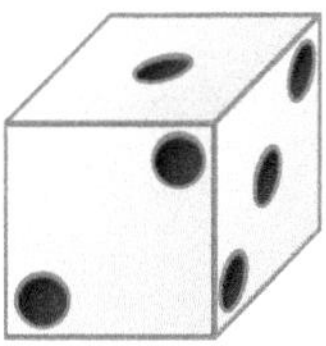

Welche Vorderansicht zeigt der Würfel nun?

A B C D E

27) Der abgebildete Spielwürfel wird nach hinten gekippt und 90 Grad im Uhrzeigersinn gedreht.

Welche Vorderansicht zeigt der Würfel nun?

A B C D E

28) Der abgebildete Spielwürfel wird nach rechts gekippt und 90 Grad im Uhrzeigersinn gedreht.

Welche Vorderansicht zeigt der Würfel nun?

A B C D E

29) Der abgebildete Spielwürfel wird nach links gekippt und 90 Grad im Uhrzeigersinn gedreht.

Welche Vorderansicht zeigt der Würfel nun?

A B C D E

30) Der abgebildete Spielwürfel wird zweimal nach rechts gekippt und 90 Grad im Uhrzeigersinn gedreht.

Welche Vorderansicht zeigt der Würfel nun?

A B C D E

Figurenreihen

Bearbeitungszeit 10 Minuten

Jede Figurenreihe ist so aufgebaut, dass sich ein logischer Zusammenhang zwischen den einzelnen Abbildungen ergibt. Welche der zur Auswahl gestellten Figuren setzt die Reihe fort?

Hierzu ein Beispiel

Aufgabe

1)

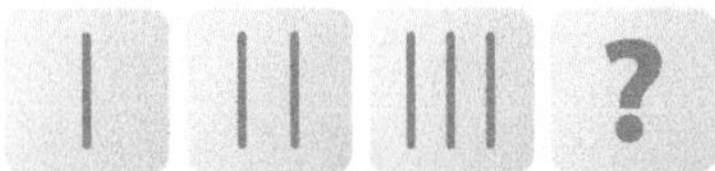

Welche Figur setzt die Reihe logisch fort?

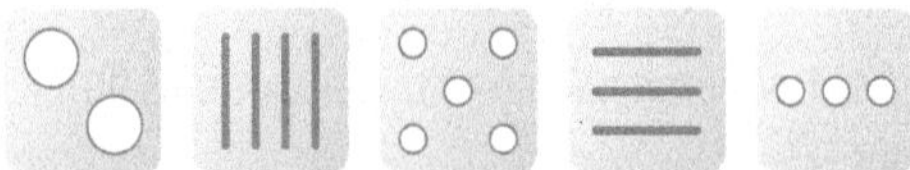

A B C D E

Antwort

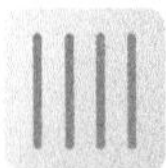

(B)

Die Abbildungen zeigen eine steigende Anzahl senkrechter Striche – Figur B setzt diese Reihe logisch fort.

Bitte bearbeiten Sie nun die Aufgaben: Markieren Sie jeweils den Lösungsbuchstaben des richtigen Antwortvorschlags. Sie haben dafür **10 Minuten** Zeit.

31)

Welche Figur setzt die Reihe logisch fort?

A B C D E

32)

Welche Figur setzt die Reihe logisch fort?

A B C D E

33)

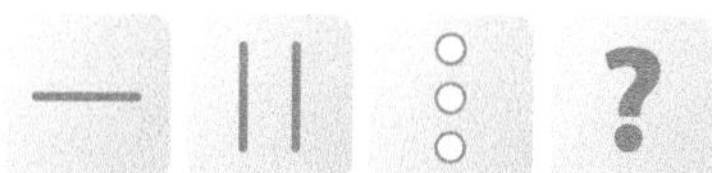

Welche Figur setzt die Reihe logisch fort?

A B C D E

34)

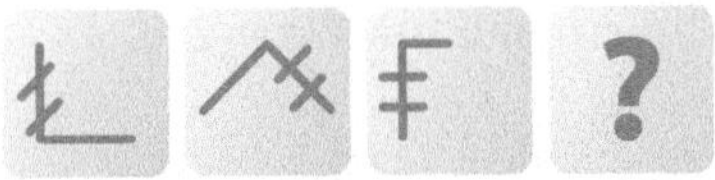

Welche Figur setzt die Reihe logisch fort?

A B C D E

35)

Welche Figur setzt die Reihe logisch fort?

A B C D E

36)

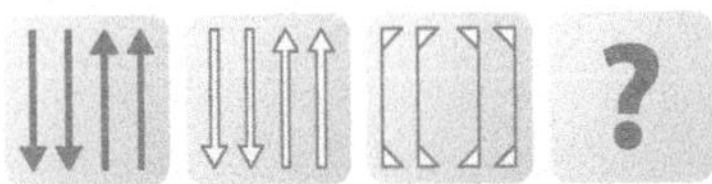

Welche Figur setzt die Reihe logisch fort?

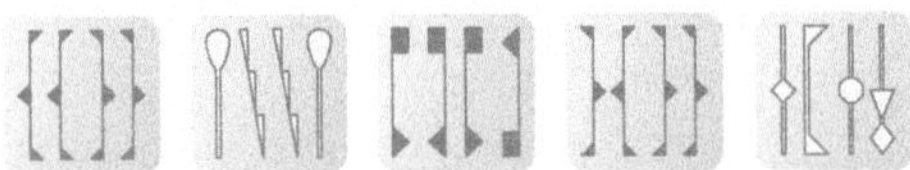

A B C D E

37)

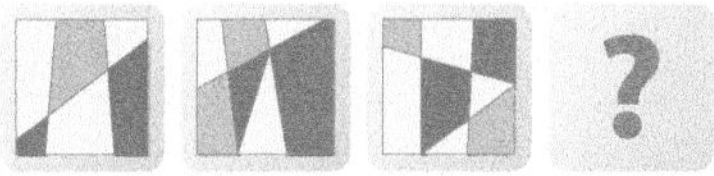

Welche Figur setzt die Reihe logisch fort?

A B C D E

38)

Welche Figur setzt die Reihe logisch fort?

A B C D E

39)

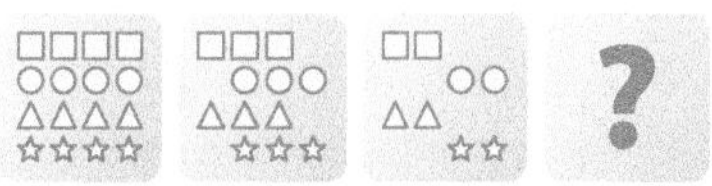

Welche Figur setzt die Reihe logisch fort?

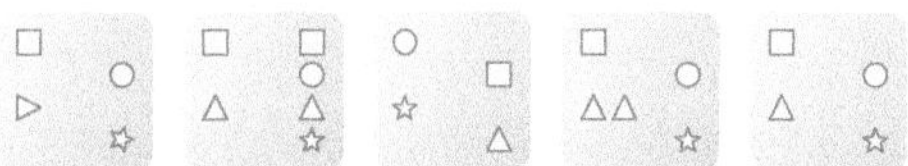

A B C D E

40)

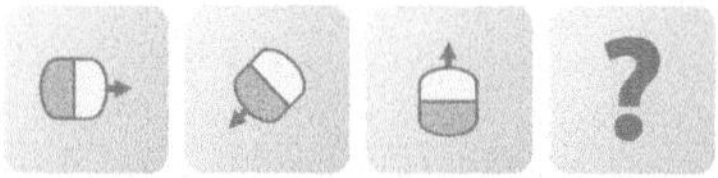

Welche Figur setzt die Reihe logisch fort?

A B C D E

Visuelle Analogien

Bearbeitungszeit 10 Minuten

Jede folgende Aufgabe konfrontiert Sie mit zwei Figuren, die in einer bestimmten Beziehung zueinander stehen. Durch eine ähnliche Beziehung ist auch eine dritte mit einer vierten Figur verknüpft – diese müssen Sie jedoch aus einer Menge mehrerer Antwortmöglichkeiten selbst ermitteln.

Hierzu ein Beispiel

Aufgabe

1)

Welche Figur ersetzt das Fragezeichen logisch?

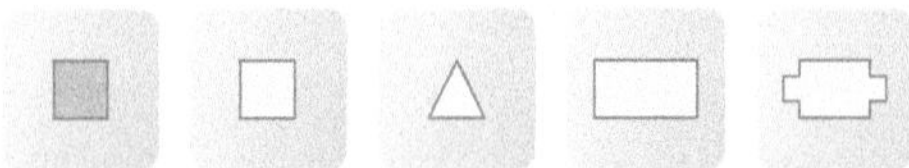

A B C D E

Antwort

(C)

Das Objekt wird in verkleinerter Form wiederholt.

Bitte bearbeiten Sie nun die Aufgaben: Markieren Sie den Lösungsbuchstaben der gesuchten Figur. Sie haben dafür **10 Minuten** Zeit.

41)

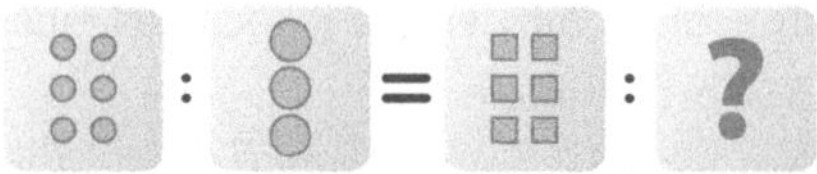

Welche Figur ersetzt das Fragezeichen logisch?

A B C D E

42)

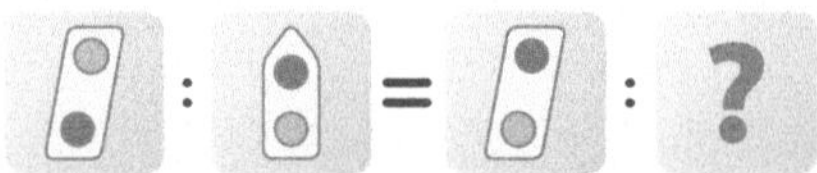

Welche Figur ersetzt das Fragezeichen logisch?

A B C D E

43)

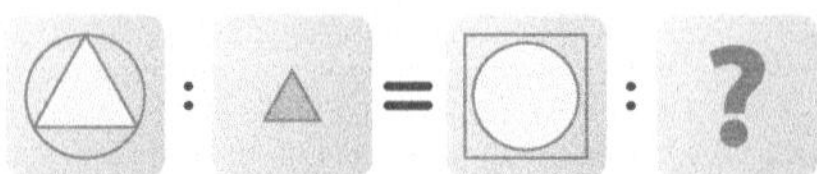

Welche Figur ersetzt das Fragezeichen logisch?

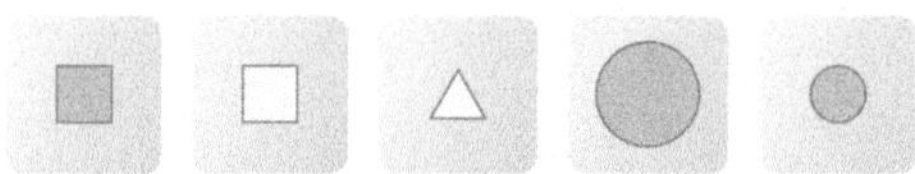

A B C D E

44)

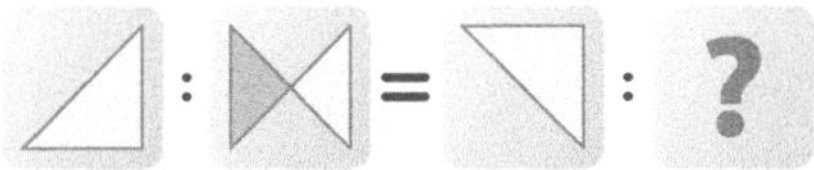

Welche Figur ersetzt das Fragezeichen logisch?

A B C D E

45)

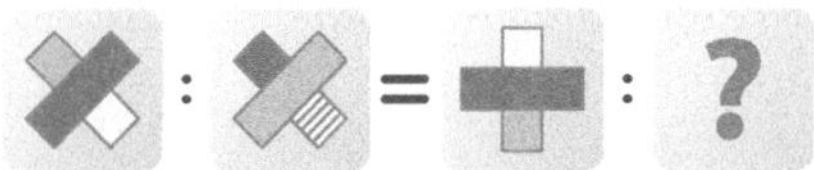

Welche Figur ersetzt das Fragezeichen logisch?

A B C D E

46)

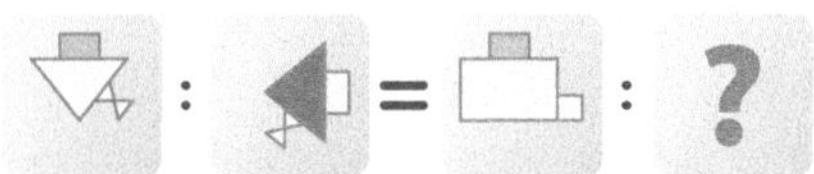

Welche Figur ersetzt das Fragezeichen logisch?

A B C D E

47)

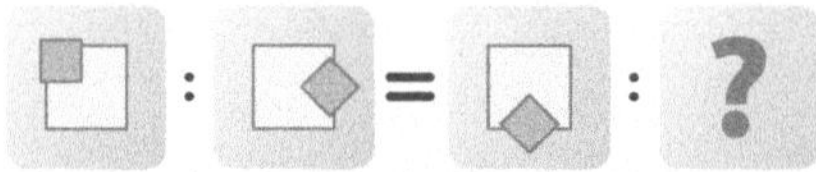

Welche Figur ersetzt das Fragezeichen logisch?

A B C D E

48)

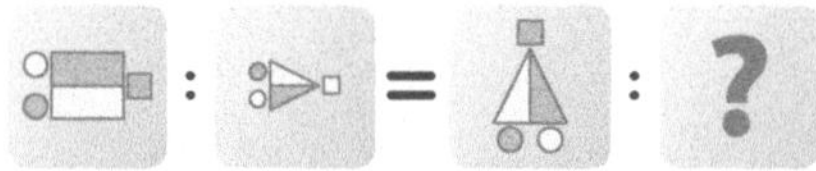

Welche Figur ersetzt das Fragezeichen logisch?

A B C D E

49)

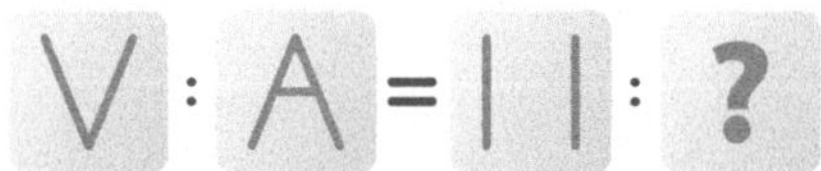

Welche Figur ersetzt das Fragezeichen logisch?

A B C D E

50)

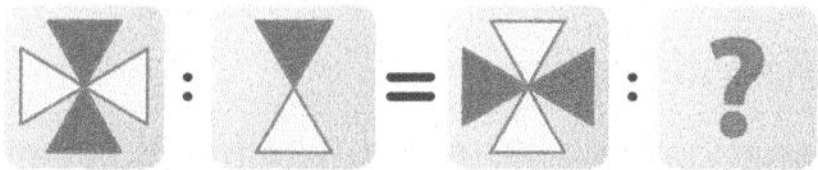

Welche Figur ersetzt das Fragezeichen logisch?

A B C D E

Eine Figur ist gespiegelt

Bearbeitungszeit 7½ Minuten

Diese Aufgaben prüfen Ihre visuelle Auffassungsgabe.

Jede Reihe enthält eine Figur in fünf Variationen – viermal unterschiedlich weit gedreht, einmal jedoch gespiegelt.

Beantworten Sie bitte die folgenden Aufgaben, indem Sie jeweils den Antwortbuchstaben der gespiegelten Figur markieren.

51)

A B C D E

52)

A B C D E

53)

A B C D E

54)

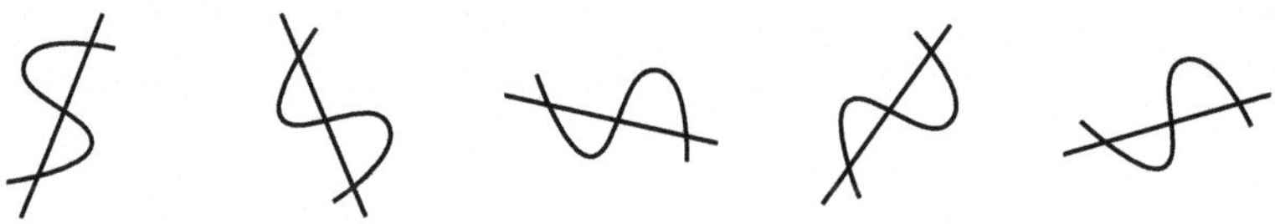

A B C D E

55)

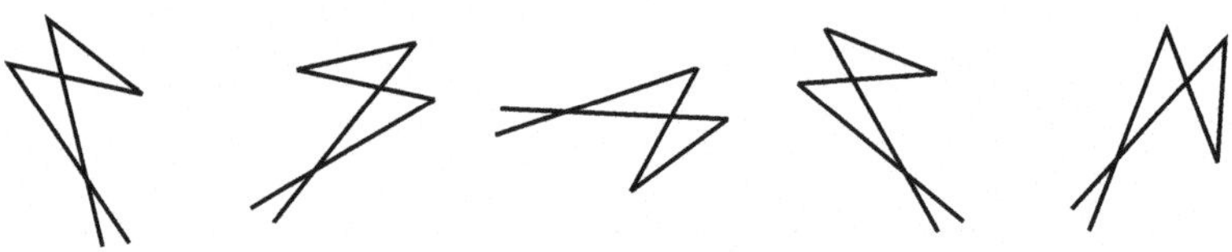

A B C D E

56)

A B C D E

57)

A B C D E

58)

A B C D E

59)

A B C D E

60)

A B C D E

Lösungen: Visuelles Denkvermögen

1) D	21) B	41) D
2) C	22) E	42) B
3) C	23) B	43) E
4) D	24) D	44) B
5) C	25) C	45) E
6) C	26) C	46) D
7) C	27) A	47) D
8) B	28) C	48) B
9) B	29) D	49) C
10) D	30) B	50) C
11) D	31) A	51) C
12) B	32) D	52) B
13) A	33) D	53) D
14) A	34) E	54) D
15) C	35) B	55) B
16) D	36) A	56) D
17) B	37) B	57) C
18) C	38) C	58) D
19) C	39) E	59) D
20) D	40) C	60) C

Räumliches Grundverständnis (Aufgaben 1–10)

Zu 1) D. 6

Der Körper besteht aus 6 Flächen.

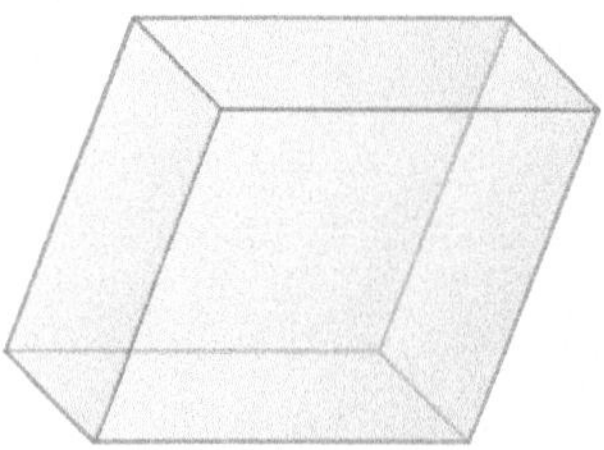

Zu 2) C. 8

Der Körper besteht aus 8 Flächen.

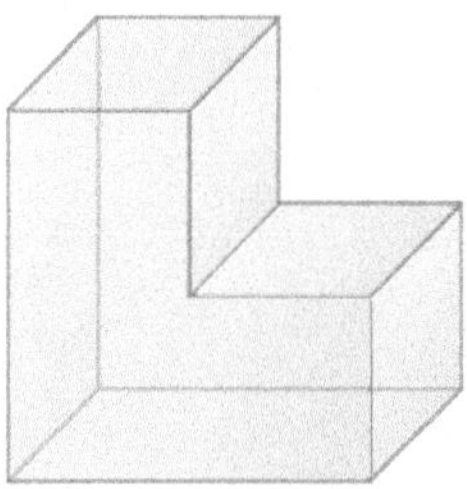

Zu 3) C. 3

Der Körper besteht aus 3 Flächen.

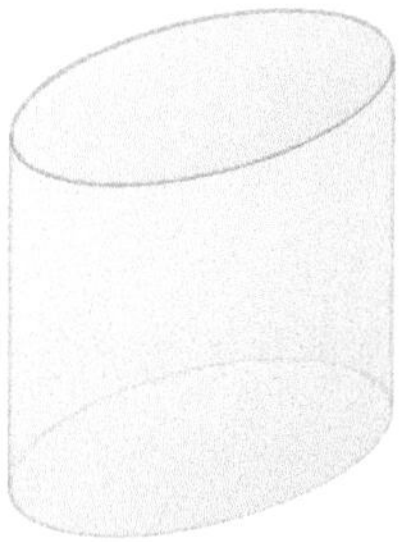

Zu 4) D. 4

Der Körper besteht aus 4 Flächen.

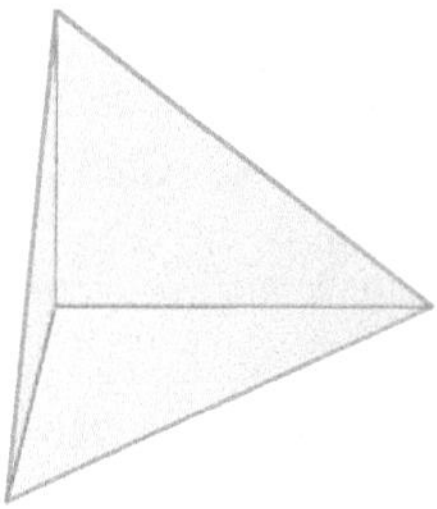

Zu 5) C. 8

Der Körper besteht aus 8 Flächen.

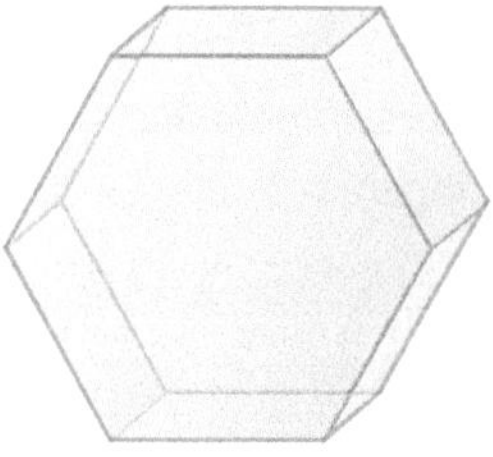

Zu 6) C. 7

Der Körper besteht aus 7 Flächen – den 6 Außenflächen und einer Innenfläche.

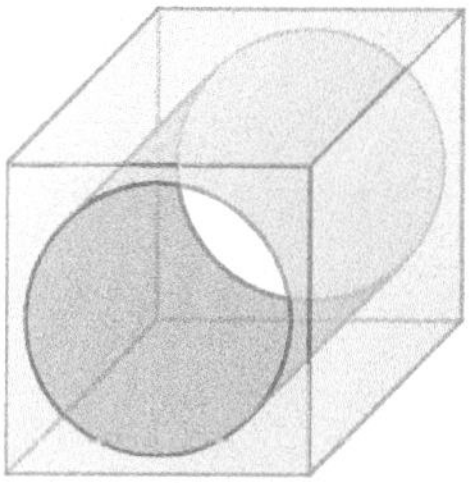

Zu 7) C. 9

Der Körper besteht aus 9 Flächen.

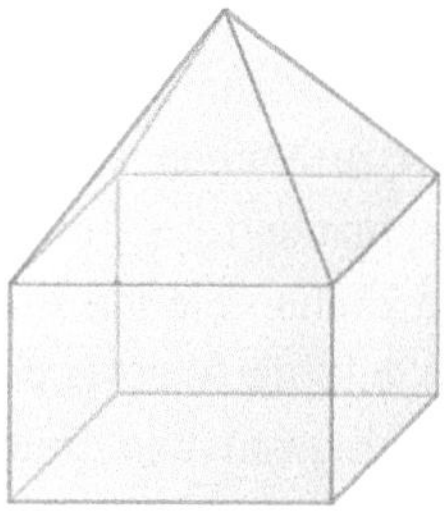

Zu 8) B. 10

Der Körper besteht aus 10 Flächen.

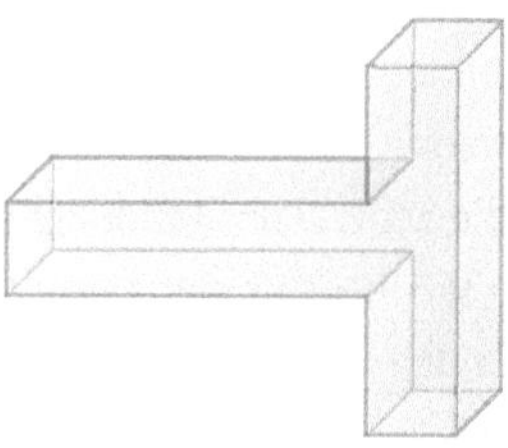

Zu 9) B. 10

Der Körper besteht aus 10 Flächen.

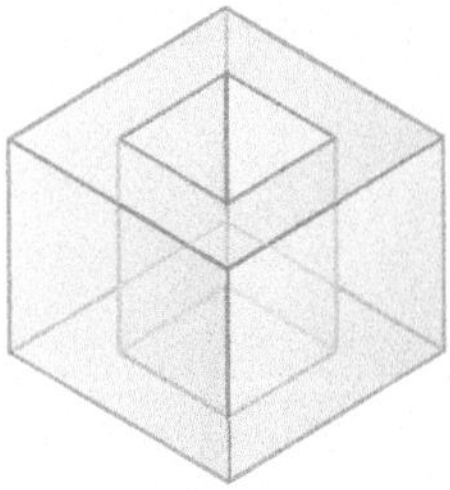

Zu 10) D. 10

Der Körper besteht aus 10 Flächen.

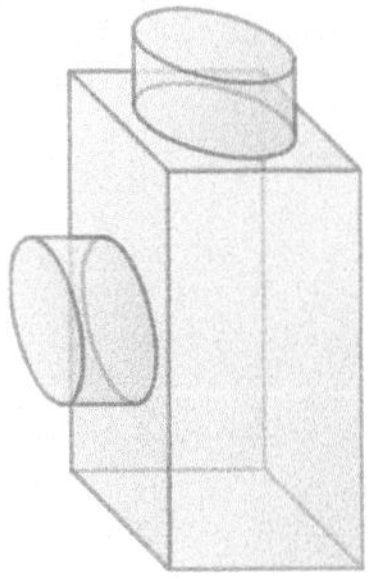

Faltvorlagen (Aufgaben 11–20)

Zu 11) D.

Aus der gegebenen Vorlage kann nur Körper D gebildet werden: Falten Sie dazu den Quader zusammen, stellen Sie ihn auf die markierte, schmale Standfläche und drehen Sie ihn mit der breiten, von links nach rechts diagonal absteigend gestreiften Seite nach links.

Zu 12) B.

Aus der gegebenen Vorlage kann nur Körper B gebildet werden: Falten Sie dazu den Quader zusammen, stellen Sie ihn auf die schwarze Standfläche und drehen Sie ihn mit der breiten grauen Seite nach links.

Zu 13) A.

Kreis im Fokus behalten, Würfel zusammenfalten und 45 Grad im Uhrzeigersinn drehen.

Zu 14) A.

Dreieck im Fokus behalten, Würfel zusammenfalten und 45 Grad im Uhrzeigersinn drehen.

Zu 15) C.

Schwarzes Dreieck im Fokus behalten, Würfel zusammenfalten und nach rechts kippen.

Zu 16) D.

Schwarzes Dreieck im Fokus behalten, Würfel zusammenfalten und nach hinten kippen.

Zu 17) B.

Zu 18) C.

Zu 19) C.

Zu 20) D.

Lösungshinweis für Aufgaben 17–20:

Falls Sie nicht durch das Zusammenfalten des Körpers im Geiste auf die richtige Lösung kommen: Vergleichen Sie die Anordnung der Flächen der Faltvorlage mit den Seiten der vorgeschlagenen Körper. Liegt z. B. eine graue Fläche neben einer weißen, eine Fläche mit einem Kreis neben einer Fläche mit einem Quadrat oder eine quadratische Fläche neben einer schmalen rechteckigen? Bei manchen Aufgaben ist auch die Anzahl der Flächen interessant – hat der Körper genauso viele Seiten wie die Faltvorlage Flächen?

Spielwürfel drehen (Aufgaben 21–30)

Zu 21) B.

Gegenprobe: Drehen Sie Lösungswürfel B 90 Grad gegen den Uhrzeigersinn und kippen Sie ihn nach rechts.

Zu 22) E.

Gegenprobe: Drehen Sie Lösungswürfel E 90 Grad im Uhrzeigersinn und kippen Sie ihn nach links.

Zu 23) B.

Gegenprobe: Drehen Sie Lösungswürfel B 90 Grad im Uhrzeigersinn und kippen Sie ihn nach rechts.

Zu 24) D.

Gegenprobe: Drehen Sie Lösungswürfel D 90 Grad im Uhrzeigersinn und kippen Sie ihn nach rechts.

Zu 25) C.

Gegenprobe: Drehen Sie Lösungswürfel C 90 Grad im Uhrzeigersinn und kippen Sie ihn nach rechts.

Zu 26) C.

Gegenprobe: Drehen Sie Lösungswürfel C 90 Grad gegen den Uhrzeigersinn und kippen Sie ihn nach vorne.

Zu 27) A.

Gegenprobe: Drehen Sie Lösungswürfel A 90 Grad gegen den Uhrzeigersinn und kippen Sie ihn nach vorne.

Zu 28) C.

Gegenprobe: Drehen Sie Lösungswürfel C 90 Grad gegen den Uhrzeigersinn und kippen Sie ihn nach links.

Zu 29) D.

Gegenprobe: Drehen Sie Lösungswürfel D 90 Grad gegen den Uhrzeigersinn und kippen Sie ihn nach rechts.

Zu 30) B.

Gegenprobe: Drehen Sie Lösungswürfel B 90 Grad gegen den Uhrzeigersinn und kippen Sie ihn zweimal nach links.

Figurenreihen (Aufgaben 31–40)

Zu 31) A.

Der Pfeil wandert gegen den Uhrzeigersinn an den Seiten des rechteckigen Rahmens entlang.

Zu 32) D.

In jeder Figur stehen die Linien parallel zueinander.

Zu 33) D.

Jede folgende Figur enthält ein Element mehr als ihr Vorgänger.

Zu 34) E.

In jeder Figur wird eine von zwei Linien von zwei parallel laufenden kurzen Strichen gekreuzt.

Zu 35) B.

Die Ausgangsfigur links verliert mit jedem Schritt eines ihrer Elemente: zuerst die Buchstabenreihe, dann das Dreieck, schließlich den senkrechten Strich.

Zu 36) A.

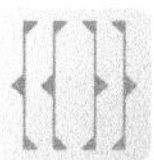

Jede Figur enthält vier gleiche Objekte, die paarweise horizontal oder vertikal spiegelbildlich angeordnet sind.

Zu 37) B.

Die erste Figur verfügt über sechs gegeneinander abgegrenzte Flächen, die zweite über sieben und die dritte über acht – bei der vierten müssen es folglich neun Flächen sein.

Zu 38) C.

Jede Figur beinhaltet vier Punkte, wobei immer der jeweils obere bzw. untere Punkt farblich abweicht.

Zu 39) E.

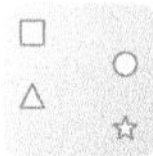

Die Anzahl der Vierecke, Kreise, Dreiecke und Sterne nimmt von Schritt zu Schritt um eins ab. Dabei werden Vierecke und Dreiecke innerhalb der Abbildungen von rechts nach links, Kreise und Sterne von links nach rechts entfernt.

Zu 40) C.

Jede Figur ist im Vergleich zu ihrem Vorgänger um 135 Grad im Uhrzeigersinn gedreht, wobei die Lage der grauen Fläche stets wechselt.

Visuelle Analogien (Aufgaben 41–50)

Zu 41) D.

Die Objekte (Kreise bzw. Vierecke) werden größer, ihre Anzahl halbiert sich, und sie werden mittig abgebildet.

Zu 42) B.

In der Figur wurde der schwarze mit dem weißen Kreis vertauscht.

Zu 43) E.

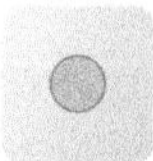

Die äußere Figur (Kreis bzw. Viereck) verschwindet, während sich die innere Figur verdunkelt und verkleinert.

Zu 44) B.

Die Figuren werden 90 Grad gegen den Uhrzeigersinn gedreht.

Zu 45) E.

Die Figuren werden 135 Grad gegen den Uhrzeigersinn gedreht.

Zu 46) D.

Die Figuren werden 90 Grad im Uhrzeigersinn gedreht, zusätzlich wird der große helle Körper (Dreieck, Viereck) dunkel und das kleine dunkle Viereck hell. Das kleine weiße Quadrat der rechten Figur entspricht der Sanduhr der linken Figuren und bleibt unverändert.

Zu 47) D.

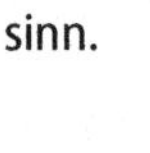

Das kleine graue Quadrat dreht sich um den Mittelpunkt des weißen Quadrats um 135 Grad im Uhrzeigersinn.

Zu 48) B.

So wie sich das große Viereck zum kleinen Dreieck verhält, verhält sich das große Dreieck zum kleinen Viereck: Das Hauptobjekt schrumpft, die Innenflächen und angehängten Objekte wechseln ihre Farbe von hell zu dunkel bzw. umgekehrt.

Zu 49) C.

Da die beiden Diagonalen des „V" in die Senkrechte gebracht werden, müssen auch die beiden Diagonalen des „A" in die senkrechte Position verschoben werden.

Zu 50) C.

Die Figur wurde um 90° im Uhrzeigersinn gedreht.

Eine Figur ist gespiegelt (Aufgaben 51–60)

Zu 51) C.

Zu 52) B.

Zu 53) D.

Zu 54) D.

Zu 55) B.

Zu 56) D.

Zu 57) C.

Zu 58) D.

Zu 59) D.

Zu 60) C.

Konzentration und Merkfähigkeit

„3/6/8/9-Test"

Bearbeitungszeit 2 Minuten

Jede Zeile enthält bis zu vier Zahlen, nämlich „3", „6", „8" und „9".

Ihre Aufgabe lautet, in jeder Zeile alle „9"en zu finden. Die ermittelte Anzahl schreiben Sie jeweils rechts ans Zeilenende.

1)	8	6	6	8	9	8	3	9	8	3	9	8	9	8	3	8	9	8	9	3	____
2)	8	8	6	8	6	8	9	8	9	8	6	8	9	9	3	8	3	8	9	9	____
3)	8	9	9	8	9	8	6	8	6	8	8	6	9	8	8	6	8	3	9	8	____
4)	8	3	8	6	6	8	6	8	8	9	8	6	8	9	8	3	8	3	8	9	____
5)	8	3	3	8	6	8	6	8	8	9	6	9	8	9	9	6	8	9	8	9	____
6)	8	8	6	8	3	8	3	3	8	6	8	8	9	9	8	6	6	8	9	9	____
7)	8	6	8	3	9	8	3	9	8	9	8	3	9	9	8	6	6	8	9	9	____
8)	8	8	9	8	9	8	9	3	8	9	9	6	9	8	9	6	9	8	9	8	____
9)	8	8	3	3	8	6	9	8	9	9	9	8	6	6	8	3	9	8	3	8	____
10)	8	8	8	3	8	3	6	8	6	8	9	8	3	8	9	8	9	3	8	8	____
11)	8	8	3	8	3	8	6	9	8	9	8	8	9	9	8	6	3	8	9	9	____
12)	8	8	9	3	8	9	8	3	9	8	8	9	3	9	8	6	8	9	8	9	____
13)	8	8	3	6	8	8	9	8	6	9	8	9	6	9	8	3	8	9	8	9	____
14)	8	3	8	9	8	6	6	8	9	8	3	8	9	6	9	8	6	8	9	8	____
15)	8	6	8	3	8	9	8	8	3	8	9	8	9	9	8	6	9	8	9	9	____
16)	8	6	9	8	6	9	8	3	9	8	9	3	9	6	9	8	9	6	9	8	____
17)	6	8	8	6	8	3	3	8	6	8	9	8	9	9	9	8	9	8	9	9	____
18)	3	8	6	9	8	9	8	6	8	8	9	6	9	9	8	3	9	8	9	9	____

19)	6	8	6	8	8	9	8	9	3	9	9	8	3	6	8	8	9	8	6	8	____
20)	8	9	8	9	3	9	8	3	8	6	9	6	9	9	8	3	9	8	9	9	____
21)	8	8	3	6	6	9	3	9	8	9	8	6	9	8	6	3	8	8	9	8	____
22)	8	8	8	8	6	3	6	8	3	9	8	3	9	9	9	8	3	8	9	9	____
23)	8	8	8	3	8	3	6	8	6	8	8	6	8	8	9	8	6	8	8	8	____
24)	9	8	9	9	9	9	8	6	8	9	8	8	8	9	8	8	6	3	3	9	____
25)	8	9	9	8	8	9	9	8	6	9	8	9	8	6	3	3	8	9	8	8	____
26)	8	6	8	9	9	8	9	9	9	8	3	6	8	8	9	8	3	6	6	8	____
27)	9	9	9	8	9	8	9	6	9	6	9	3	9	8	3	8	9	8	9	8	____
28)	8	9	8	8	9	9	8	8	9	8	9	8	3	8	9	3	9	8	3	8	____
29)	8	8	9	9	9	8	8	9	8	3	8	3	6	6	9	8	8	6	8	8	____
30)	8	8	9	8	8	8	8	8	3	6	3	8	3	8	9	8	6	6	8	8	____
31)	8	8	9	9	6	9	9	8	9	8	6	8	3	8	9	3	8	6	8	6	____
32)	8	8	3	9	8	3	9	8	9	9	8	9	8	6	8	6	8	9	8	8	____
33)	8	8	9	9	8	3	9	9	8	3	9	9	8	6	6	8	9	9	8	8	____
34)	8	8	8	3	8	3	8	9	3	9	8	9	6	9	8	6	8	9	8	9	____
35)	8	6	8	3	8	6	8	8	3	8	8	9	9	9	8	3	8	9	9	9	____
36)	3	8	3	8	6	8	6	8	6	8	8	3	8	9	9	8	8	3	6	9	____
37)	8	3	8	3	3	8	8	6	9	8	9	3	9	9	8	6	9	8	9	9	____
38)	8	6	8	3	8	8	3	8	9	8	9	8	9	8	6	8	9	8	9	8	____
39)	9	8	9	9	8	8	9	8	8	9	8	8	8	9	8	8	8	8	8	9	____
40)	8	9	8	6	8	6	8	3	3	8	9	8	9	8	3	6	9	8	9	8	____

Adressen einprägen

Einprägezeit 7½ Minuten

In diesem Abschnitt geht es darum, sich Inhalte eines Adressbuchs einzuprägen.

Auf der nächsten Seite finden Sie ein Adressbuch mit zwölf Einträgen. Zu jeder Person erhalten Sie den Vor- und Zunamen, die Straße, die Hausnummer, die Postleitzahl und den Wohnort.

Hierzu ein Beispiel

Adressbuch

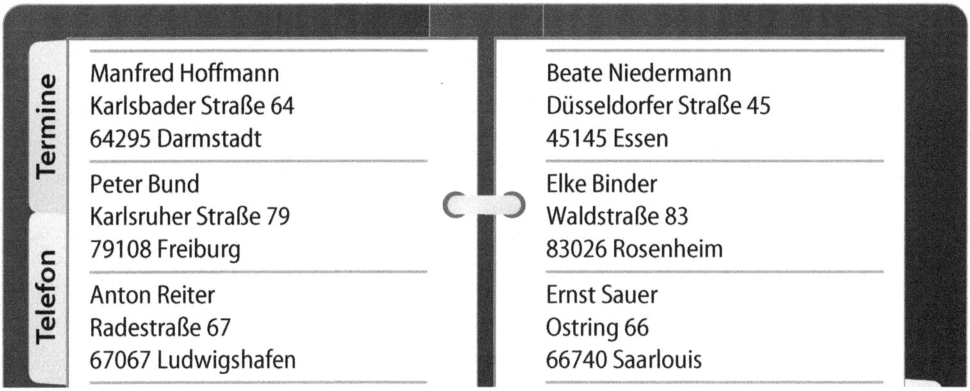

Aufgabe

1) In welcher Stadt wohnt Herr Hoffmann?

A. Darmstadt
B. Freiburg
C. Ludwigshafen
D. Essen
E. Rosenheim

Antwort

(A.) Darmstadt

Hier nun das Adressbuch:

Zum Einprägen haben Sie **7½ Minuten** Zeit. Hierbei dürfen Sie sich keine Notizen machen.

! *Hinweis*

Bei dieser Aufgabe ist keine Unterbrechung notwendig, bitte beginnen Sie direkt mit der Bearbeitung!

Decken Sie dafür diese Seite ab.

Adressen einprägen

Bearbeitungszeit 5 Minuten

Bitte bearbeiten Sie nun die Aufgaben: Markieren Sie jeweils den Lösungsbuchstaben des richtigen Antwortvorschlags.

41) In welcher Stadt wohnt die Kundin Brandner?

A. Erfurt
B. Saarbrücken
C. Potsdam
D. Hamburg
E. Magdeburg

42) In welcher Stadt wohnt der Kunde Neuner?

A. Göttingen
B. Wiesbaden
C. Erfurt
D. Bremen
E. Stuttgart

43) In welcher Stadt wohnt die Kundin Bernadotte?

A. Kiel
B. Hamburg
C. Magdeburg
D. Stuttgart
E. Saarbrücken

44) In welcher Stadt wohnt der Kunde Sözmen?

A. Göttingen
B. Magdeburg
C. Düsseldorf
D. Bremen
E. Hamburg

45) In welcher Stadt wohnt die Kundin Hofmann?

A. München
B. Düsseldorf
C. Potsdam
D. Erfurt
E. Hamburg

46) In welcher Stadt wohnt die Kundin Salzer?

A. München
B. Düsseldorf
C. Saarbrücken
D. Wiesbaden
E. Hamburg

47) In welcher Stadt wohnt der Kunde Holzer?

A. München
B. Düsseldorf
C. Kiel
D. Wiesbaden
E. Stuttgart

48) In welcher Stadt wohnt der Kunde Berthold?

A. Hamburg
B. Bremen
C. Kiel
D. Wiesbaden
E. Düsseldorf

49) In welcher Stadt wohnt die Kundin Schneider?

A. München
B. Bremen
C. Kiel
D. Wiesbaden
E. Stuttgart

50) In welcher Stadt wohnt der Kunde Naumann?

A. München
B. Düsseldorf
C. Hamburg
D. Wiesbaden
E. Stuttgart

51) Welche Postleitzahl stammt aus Magdeburg?

A. 20146
B. 28719
C. 39118
D. 81375
E. 40231

52) Welche Postleitzahl stammt aus München?

A. 24113
B. 39118
C. 81375
D. 40231
E. 65189

53) Welche Postleitzahl stammt aus Düsseldorf?

A. 14467
B. 66126
C. 99102
D. 40231
E. 20146

54) Welche Postleitzahl stammt aus Hamburg?

A. 20146
B. 14467
C. 37079
D. 70435
E. 65189

55) Welche Postleitzahl stammt aus Kiel?

A. 37079
B. 39118
C. 81375
D. 24113
E. 70435

56) Welche Postleitzahl stammt aus Göttingen?

A. 37079
B. 20146
C. 81375
D. 24113
E. 70435

57) Welche Postleitzahl stammt aus Stuttgart?

A. 37079
B. 20146
C. 81375
D. 24113
E. 70435

58) Welche Postleitzahl stammt aus Wiesbaden?

A. 40231
B. 20146
C. 81375
D. 65189
E. 70435

59) Welche Postleitzahl stammt aus Erfurt?

A. 37079
B. 40231
C. 81375
D. 65189
E. 99102

60) Welche Postleitzahl stammt aus Potsdam?

A. 37079
B. 40231
C. 14467
D. 65189
E. 99102

61) Wie lautet die Hausnummer von Herrn Naumann?

A. 70
B. 39
C. 99
D. 40
E. 20

62) Wie lautet die Hausnummer von Frau Brandner?

A. 65
B. 14
C. 66
D. 28
E. 20

63) Wie lautet die Hausnummer von Frau Batrovic?

A. 28
B. 65
C. 81
D. 14
E. 70

64) Wie lautet die Hausnummer von Herrn Berthold?

A. 28
B. 81
C. 39
D. 40
E. 99

65) Wie lautet die Hausnummer von Herrn Holzer?

A. 81
B. 40
C. 20
D. 99
E. 65

66) In welcher Straße wohnt Frau Hofmann?

A. Malergasse 20
B. Große Seestraße 99
C. Im Dambachtal 65
D. Rheinstraße 40
E. Garchinger Landstraße 81

67) In welcher Straße wohnt Herr Neuner?

A. Auf der Staufenmauer 24
B. Zuffenhäuser Straße 70
C. Berliner Chaussee 14
D. Geleitstraße 66
E. Burgstraße 37

68) In welcher Straße wohnt Herr Sözmen?

A. Große Seestraße 99
B. Frankenallee 39
C. Rheinstraße 40
D. Malergasse 20
E. Berliner Chaussee 14

69) In welcher Straße wohnt Frau Salzer?

A. Im Dambachtal 65
B. Weserweg 28
C. Au der Staufenmauer 24
D. Geleitstraße 66
E. Garchinger Landstraße 81

70) In welcher Straße wohnt Herr Naumann?

A. Malergasse 20
B. Große Seestraße 99
C. Rheinstraße 40
D. Berliner Chaussee 14
E. Frankenallee 39

Begriffe wiedererkennen *Einprägezeit 5 Minuten*

Bitte merken Sie sich die vorgegebenen Begriffe, um sie anschließend in einer nach Kategorien sortierten Begriffstabelle wiederfinden zu können.

Zum Einprägen haben Sie **5 Minuten** Zeit. Hierbei dürfen Sie sich keine Notizen machen.

Begriffe

Hannah	Libelle	graublau
Handball	Winter	Kreditkarte
Freude	Dachdecker	Hamster
Fiat	Kempten	Gesamtschule
Birke	Sakko	Pappe
Dreizehn	Meyer	Kuh
Italien	Gerbera	

! *Hinweis*

Bei dieser Aufgabe ist keine Unterbrechung notwendig, bitte beginnen Sie direkt mit der Bearbeitung!

Begriffe wiedererkennen

Bearbeitungszeit 5 Minuten

Welche Begriffe lagen Ihnen soeben vor? Beginnen Sie bitte jetzt mit den Aufgaben und kreuzen Sie den richtigen Lösungsbuchstaben an.

71) Zahlen:

A. Dreizehn **B.** Sieben **C.** Neunzehn **D.** Acht

72) Sportarten:

A. Reiten **B.** Leichtathletik **C.** Handball **D.** Pilates

73) Insekten:

A. Mücke **B.** Libelle **C.** Heuschrecke **D.** Biene

74) Berufe:

A. Dachdecker **B.** Maurer **C.** Grafiker **D.** Buchhändler

75) Kleidungsstücke:

A. Bluse **B.** Hose **C.** Rock **D.** Sakko

76) Blumen:

A. Geranie **B.** Lilie **C.** Erika **D.** Gerbera

77) Zahlungsarten:

A. Überweisung **B.** Rechnung **C.** Kreditkarte **D.** Vorkasse

78) Schulformen:

A. Grundschule **B.** Gesamtschule **C.** Gymnasium **D.** Hauptschule

79) Nutztiere:

A. Huhn **B.** Rind **C.** Schwein **D.** Kuh

80) Vornamen:

A. Johanna **B.** Julia **C.** Hannah **D.** Franziska

81) Emotionen:

A. Freude **B.** Trauer **C.** Mitleid **D.** Angst

82) Bäume:

A. Fichte **B.** Ahorn **C.** Apfelbaum **D.** Birke

83) Reiseziele:

A. Spanien **B.** Italien **C.** USA **D.** Deutschland

84) Jahreszeiten:

A. Sommer **B.** Frühling **C.** Winter **D.** Herbst

85) Augenfarben:

A. grünbraun **B.** graublau **C.** blau **D.** blaugrau

86) Werkstoffe:

A. Pappe **B.** Holz **C.** Glas **D.** Metall

87) Automarke:

A. BMW **B.** Peugeot **C.** Fiat **D.** VW

88) Städte:

A. Kempten **B.** Freiburg **C.** Kempen **D.** Erfurt

89) Namen:

A. Meyer **B.** Mayer **C.** Meier **D.** Müller

90) Haustiere:

A. Hund **B.** Katze **C.** Kaninchen **D.** Hamster

Buchstaben ergänzen

Bearbeitungszeit 1 Minute

Im Folgenden wird Ihre Arbeitsgeschwindigkeit geprüft.

Jedem Wort fehlt ein Buchstabe – bitte tragen Sie ihn ein. Das Zeitlimit ist ziemlich knapp bemessen, arbeiten Sie daher so schnell wie möglich.

Hierzu ein Beispiel

Aufgabe	*Antwort*
1) Ber___f	1) Ber_u_f
2) N___me	2) N_a_me

Bitte beginnen Sie mit der Bearbeitung: Vervollständigen Sie die Wörter korrekt.

91) Pap___e
92) S___adt
93) Mil___h
94) F___uer
95) Tech___ik
96) Ge___irge
97) Ausd___uck
98) K___mel
99) Tann___
100) Fur___ht
101) R___ifen
102) Ga___el
103) La___erne
104) A___walt
105) D___kument
106) B___ief
107) Ph___sik
108) Te___efon
109) P___astik
110) Er___nnerung
111) P___pier
112) Bret___
113) Fuß___oden
114) P___licht
115) ___uswahl
116) Gedan___e
117) Pa___ifik
118) Asi___n
119) ___trom
120) Re___orm
121) Fi___anzen
122) Gest___lt
123) N___chmittag
124) Sü___en
125) Dec___el
126) Ge___chenk
127) St___rke
128) W___rbung
129) Z___ang

130) Au___sage
131) F___age
132) ___irkung
133) S___hrift
134) Hant___l
135) Doch___
136) T___eppe
137) ___tuhl
138) Auss___cht
139) W___tter
140) ___erät

141) Se___fe
142) G___ns
143) Gart___n
144) Gem___se
145) Pr___fung
146) Tor___ado
147) Wür___el
148) Me___sch
149) Beri___ht
150) Si___nal
151) Ve___trauen

152) B___ndnis
153) Erg___bnis
154) Kabe___
155) B___and
156) K___mpf
157) K___rte
158) O___dnung
159) P___otest
160) Zw___rg

Figurenpaare merken *Einprägezeit 10 Minuten*

Unten finden Sie einen Block mit 15 Figurenpaaren. Bitte merken Sie sich, welche zwei Figuren jeweils zusammengehören.

Anschließend erhalten Sie einzelne Figuren und müssen dazu den richtigen Partner bestimmen.

Zum Einprägen haben Sie **10 Minuten** Zeit. Hierbei dürfen Sie sich keine Notizen machen.

Figurenpaare

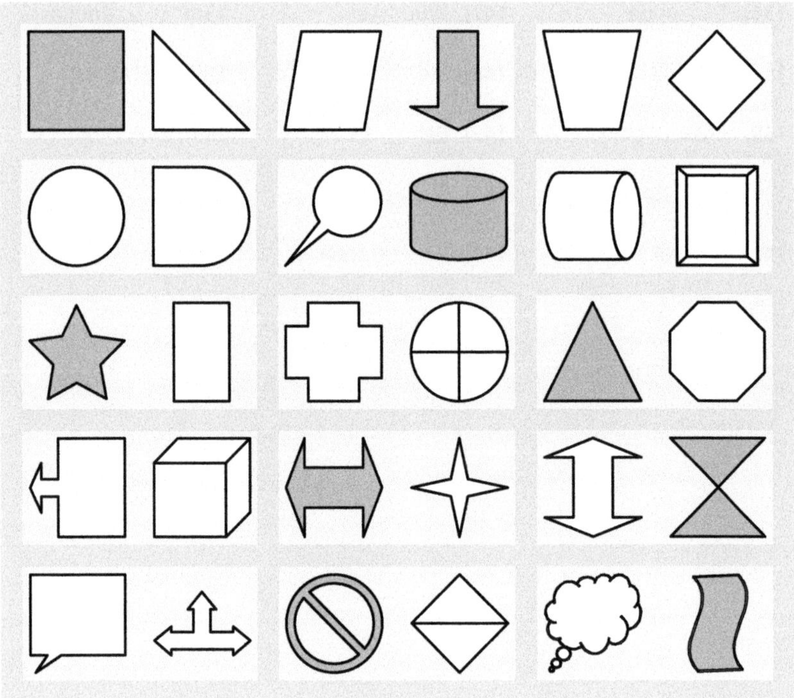

! *Hinweis*

Bei dieser Aufgabe ist keine Unterbrechung notwendig, bitte beginnen Sie direkt mit der Bearbeitung!

Decken Sie dafür diese Seite ab.

Figurenpaare merken

Bearbeitungszeit 5 Minuten

Bitte stellen Sie das ursprüngliche Figurenpaar wieder her, indem Sie den Lösungsbuchstaben der jeweils passenden Figur markieren.

161) Welche Figur vervollständigt das Figurenpaar?

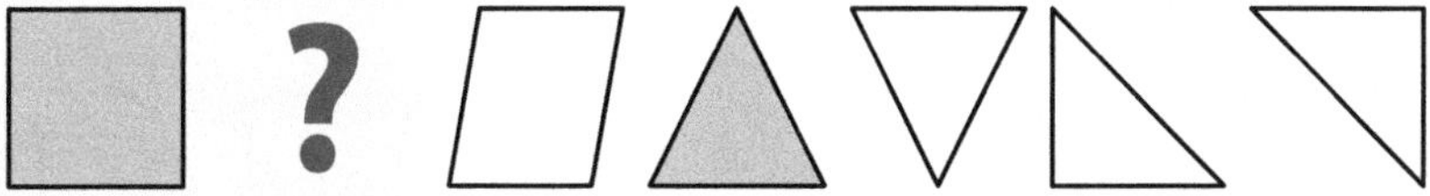

A B C D E

162) Welche Figur vervollständigt das Figurenpaar?

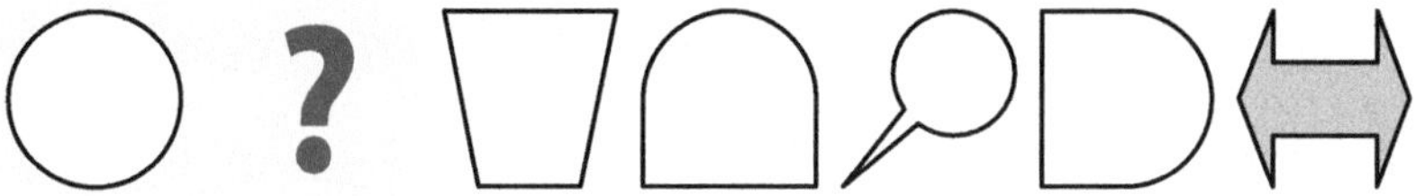

A B C D E

163) Welche Figur vervollständigt das Figurenpaar?

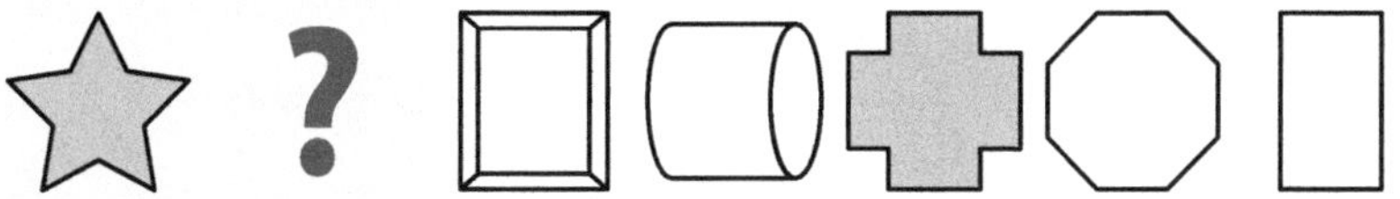

A B C D E

164) Welche Figur vervollständigt das Figurenpaar?

A B C D E

165) Welche Figur vervollständigt das Figurenpaar?

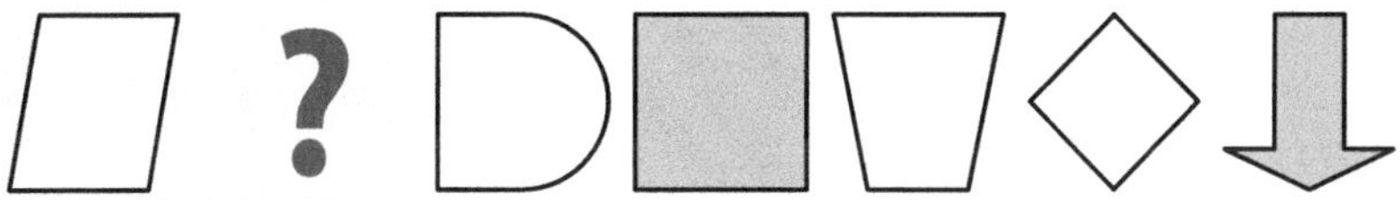

A B C D E

166) Welche Figur vervollständigt das Figurenpaar?

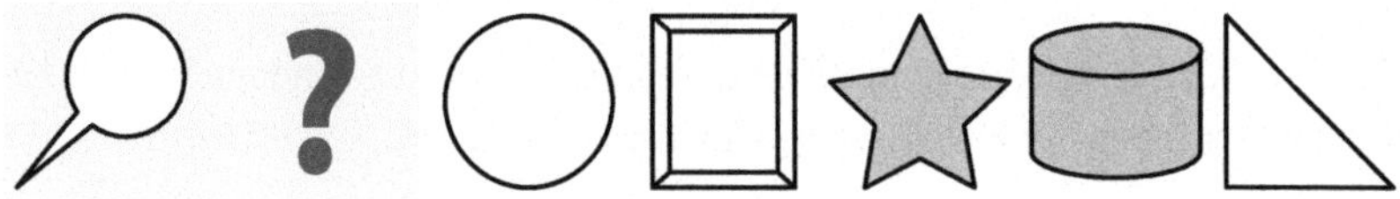

A B C D E

167) Welche Figur vervollständigt das Figurenpaar?

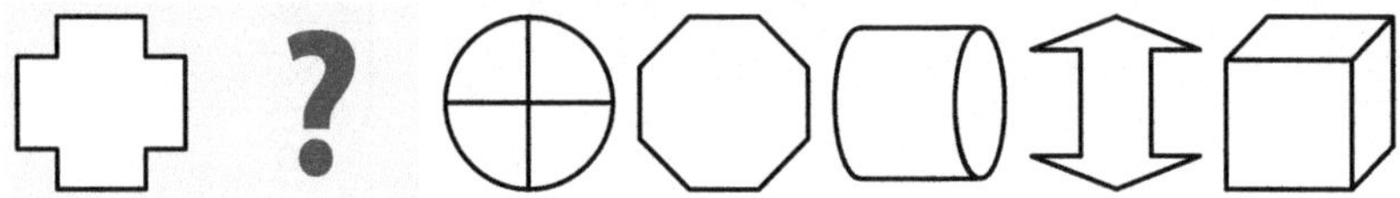

A B C D E

168) Welche Figur vervollständigt das Figurenpaar?

A B C D E

169) Welche Figur vervollständigt das Figurenpaar?

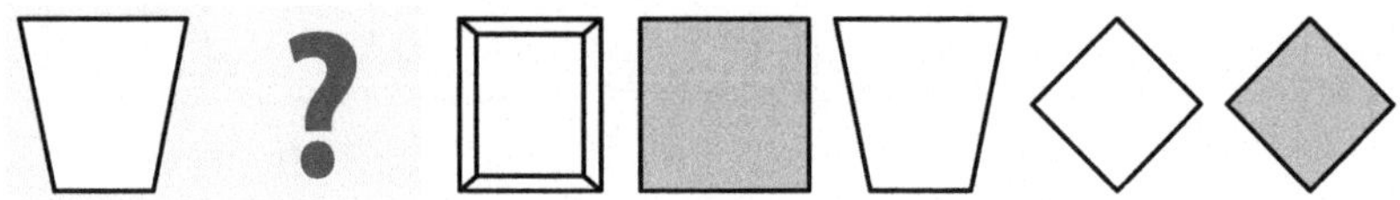

A B C D E

170) Welche Figur vervollständigt das Figurenpaar?

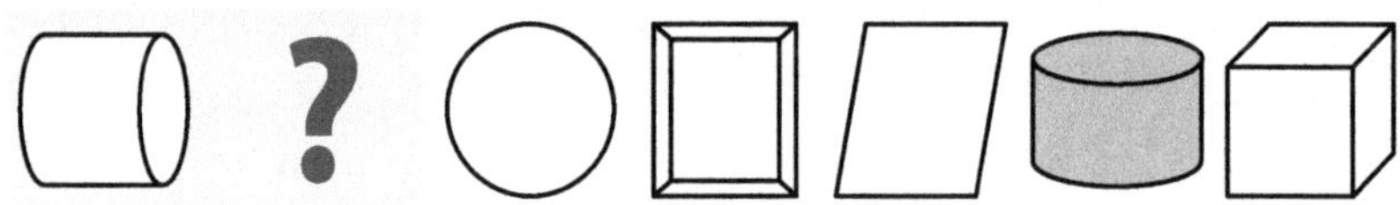

A B C D E

171) Welche Figur vervollständigt das Figurenpaar?

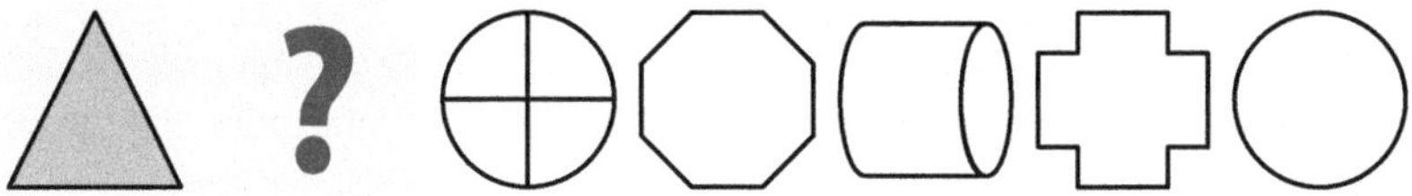

A B C D E

172) Welche Figur vervollständigt das Figurenpaar?

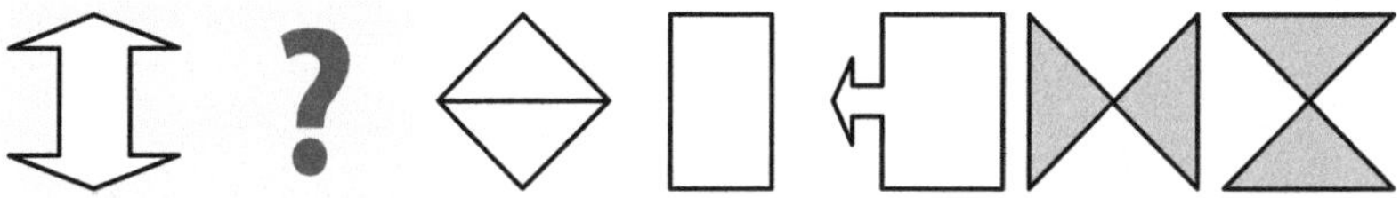

A B C D E

173) Welche Figur vervollständigt das Figurenpaar?

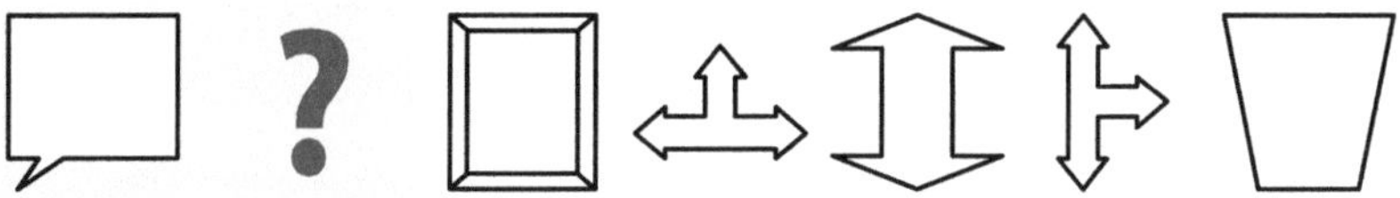

A B C D E

174) Welche Figur vervollständigt das Figurenpaar?

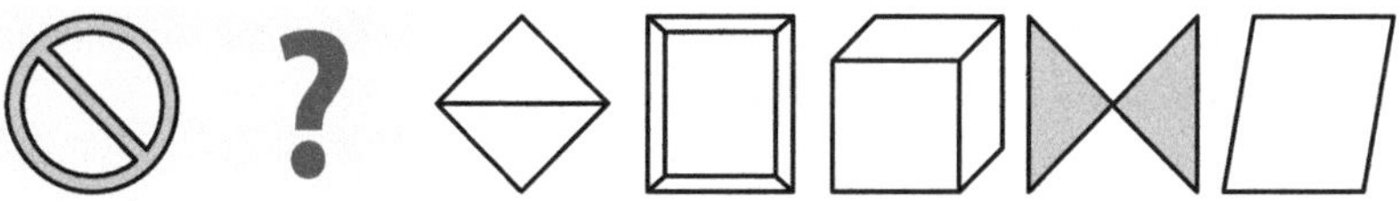

A B C D E

175) Welche Figur vervollständigt das Figurenpaar?

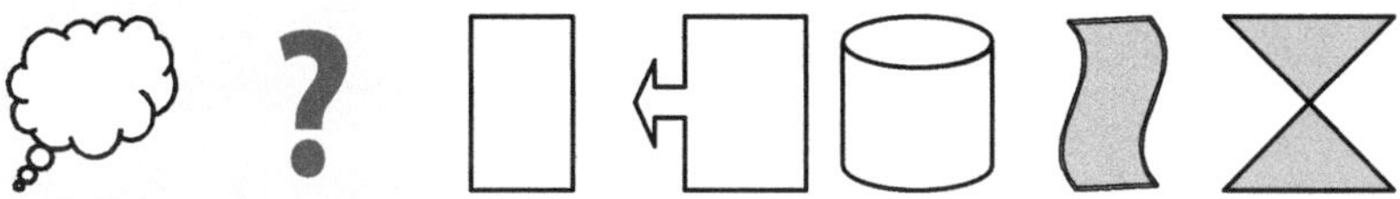

A B C D E

Kommazahlen sortieren

Bearbeitungszeit 3 Minuten

Sortieren Sie die Kommazahlen von klein nach groß. Kennzeichnen Sie sie dazu mit den Buchstaben „A" (kleinste Zahl), „B" (mittlere Zahl) oder „C" (größte Zahl).

Hierzu ein Beispiel

Aufgabe

1) 0,3 ___
0,6 ___
0,1 ___

Antwort

1) 0,3 B
0,6 C
0,1 A

Bitte bearbeiten Sie nun die Aufgaben: Sortieren Sie die Kommazahlen, indem Sie ihnen jeweils den richtigen Buchstaben zuweisen.

176) 4,15 ___
4,124 ___
4,12 ___

177) 23,576 ___
23,5764 ___
23,5674 ___

178) 0,0011 ___
0,01 ___
0,001 ___

179) 5,23 ___
5,3 ___
5,32 ___

180) 198,5 ___
189,455 ___
198,41 ___

181) 3,222 ___
3,22 ___
3,2022 ___

182) 7,77 ____
7,7 ____
7,777 ____

183) –2,113 ____
–1,311 ____
–2,1094 ____

184) 3 ____
–33 ____
–3 ____

185) 0,7 ____
0,79 ____
0,795 ____

186) 85,558 ____
85,585 ____
85,855 ____

187) 6,48 ____
6,4 ____
6,2 ____

188) 4.135,494 ____
4.153,49 ____
4.135,94 ____

189) 47,474 ____
47,747 ____
47,477 ____

190) –27,4 ____
–27,9 ____
–27,34 ____

191) 0,3 ____
0,2 ____
0,1 ____

192) 13,564 ____
13,56 ____
13,654 ____

193) 529,003 ____
529,03 ____
529,0033 ____

194) –3,24 ____
–34,2 ____
–32,4 ____

195) 5.786,1 ____
5.678,1 ____
5.768,1 ____

196) –5.781,1 ____
–5.768,1 ____
–5.678,1 ____

197) 47 ____
46,5 ____
45,6 ____

198) 1.784,1874 ____
1.874,1784 ____
1.784,1784 ____

199) –2,9 ____
2,9 ____
9,2 ____

200) 12,888 ____

12,886 ____

12,898 ____

Rechnen mit Hindernis

Bearbeitungszeit 5 Minuten

Nun lösen Sie pro Aufgabe zwei einfache Rechnungen und führen anschließend – je nach Ergebnis – eine bestimmte Rechenoperation durch.

Ist das Ergebnis der oberen Rechenzeile größer als jenes der unteren Zeile, muss das untere Teilergebnis vom oberen abgezogen werden. Ansonsten müssen beide Teilergebnisse addiert werden.

Hierzu ein Beispiel

Aufgabe

1) 5 + 5 – 1
   2 + 2 – 3
   =

Antwort

=8

5 + 5 – 1 = 9 (größeres Ergebnis)

2 + 2 – 3 = 1 (kleineres Ergebnis)

9 – 1 = 8 (größeres Ergebnis – kleineres Ergebnis)

Aufgabe

2) 2 + 2 – 3
   5 + 5 – 1
   =

Antwort

=10

2 + 2 – 3 = 1 (kleineres Ergebnis)

5 + 5 – 1 = 9 (größeres Ergebnis)

9 + 1 = 10 (größeres Ergebnis + kleineres Ergebnis)

Beginnen Sie bitte jetzt mit den Aufgaben: Berechnen Sie jeweils die richtige Lösung. Sie haben dafür **5 Minuten** Zeit.

201) 17 – 18 + 19
6 – 17 + 12
=

202) 14 – 19 + 16
12 – 16 + 9
=

203) 16 – 29 + 27
24 + 6 – 22
=

204) 25 – 17 + 8
21 – 29 + 14
=

205) 7 + 4 – 3
14 + 8 – 2
=

206) 9 + 11 – 7
18 + 7 – 4
=

207) 17 + 9 – 12
11 – 4 + 21
=

208) 14 + 17 – 20
18 + 14 – 17
=

209) 22 + 17 + 15
24 + 9 – 17
=

210) 15 – 22 – 3
19 – 24 – 16
=

211) 21 + 15 – 19
18 + 11 – 6
=

212) 15 + 19 + 12
18 + 21 + 19
=

213) 4 + 18 + 7
15 + 12 + 7
=

214) 11 + 14 – 9
18 – 16 + 9
=

215) 12 – 18 + 6
14 + 9 – 14
=

216) 18 – 23 + 19
16 + 12 + 3
=

217) 16 – 19 – 6
14 – 18 + 11
=

218) 14 – 8 – 7
15 – 18 + 2
=

219) 14 + 6 – 28
18 + 14 – 9
=

220) 1 – 17 + 4
3 – 21 + 3
=

221) 15 + 18 – 3
12 + 8 – 5
=

222) 12 + 17 – 7
11 + 14 – 5
=

223) 16 + 13 – 9
14 + 3 – 2
=

224) 22 + 17 – 19
15 + 19 – 14
=

225) 17 + 13 – 16
14 + 17 – 9
=

226) 14 + 18 + 17
15 + 14 + 7
=

227) 18 + 17 – 6
8 + 19 – 9
=

228) 15 + 7 – 11
6 + 9 – 19
=

229) 24 + 17 – 21
17 + 21 – 28
=

230) 23 + 19 – 12
14 + 17 – 9
=

231) 18 + 16 + 8
14 + 13 – 7
=

232) 16 + 26 – 12
11 + 4 + 7
=

233) 21 + 14 – 3
16 + 15 – 9
=

234) 14 + 16 – 6
11 + 6 – 3
=

235) 28 + 19 – 7
14 + 13 + 8
=

Zahl/Buchstaben-Paare merken *Einprägezeit 2 Minuten*

Jeder Zahl ist eine vierstellige Buchstabenfolge zugeordnet.

Prägen Sie sich die Zahlen und Buchstabenfolgen aus der vorliegenden Tabelle gut ein. Markieren Sie anschließend diejenige Buchstabenfolge, die zur vorgegebenen Zahl gehört.

Hierzu ein Beispiel

Zahl/Buchstaben-Paare

1111	ABCD
2222	EFGH

Aufgabe

	Zahl	Buchstabenfolge			
1)	1111	**A.** GFRE	**B.** ABCD	**C.** FDRE	**D.** ASWE
2)	2222	**A.** EFGH	**B.** GFRA	**C.** EFGH	**D.** GDER

Antwort

1)	1111	**A.**	GFRE	(**B.**)	ABCD	**C.**	FDRE	**D.**	ASWE
2)	2222	(**A.**)	EFGH	**B.**	GFRA	**C.**	EFGH	**D.**	GDER

Hier nun die Zahl/Buchstaben-Paare:

Zum Einprägen haben Sie **2 Minuten** Zeit. Hierbei dürfen Sie sich keine Notizen machen.

3333	BBAA	1111	NANA	9988	LHGE	2037	GDEB
5555	FFHH	3366	OUOU	2200	FEAR		
7777	JLJL	4455	SISI	6718	WECM		

! *Hinweis*

Bei dieser Aufgabe ist keine Unterbrechung notwendig, bitte beginnen Sie direkt mit der Bearbeitung!

Decken Sie dafür diese Seite ab.

Zahl/Buchstaben-Paare merken *Bearbeitungszeit 2 Minuten*

Welche Buchstabenfolge gehört zu welcher Zahl? Bitte vervollständigen Sie jedes Paar, indem Sie den richtigen Lösungsbuchstaben markieren.

	Zahl	Buchstabenfolge			
236)	3333	**A.** DDCC	**B.** BBAA	**C.** EEBB	**D.** AABB
237)	5555	**A.** EEFF	**B.** FFGG	**C.** FFHH	**D.** HHFF
238)	7777	**A.** HJHJ	**B.** JIJI	**C.** JKJK	**D.** JLJL
239)	1111	**A.** NAMA	**B.** NANA	**C.** ANAN	**D.** MAMA
240)	3366	**A.** OUOU	**B.** TUTU	**C.** UVUV	**D.** UOUO
241)	4455	**A.** SJSJ	**B.** SISI	**C.** SOSO	**D.** SLSL
242)	9988	**A.** LHGE	**B.** HGLE	**C.** LGHE	**D.** LHFE
243)	2200	**A.** FAER	**B.** FAIR	**C.** FEAR	**D.** FARA
244)	6718	**A.** WECM	**B.** MCEF	**C.** WEMC	**D.** WECN
245)	2037	**A.** FESA	**B.** GEBD	**C.** GBED	**D.** GDEB

Lösungen: Konzentration und Merkfähigkeit

1) 6	31) 6	61) D
2) 6	32) 6	62) B
3) 5	33) 8	63) C
4) 3	34) 6	64) A
5) 6	35) 6	65) E
6) 4	36) 3	66) A
7) 7	37) 7	67) E
8) 9	38) 5	68) B
9) 5	39) 7	69) D
10) 3	40) 5	70) C
11) 6	41) C	71) A
12) 7	42) A	72) C
13) 6	43) D	73) B
14) 5	44) B	74) A
15) 7	45) E	75) D
16) 8	46) C	76) D
17) 7	47) D	77) C
18) 8	48) B	78) B
19) 5	49) C	79) D
20) 9	50) B	80) C
21) 5	51) C	81) A
22) 6	52) C	82) D
23) 1	53) D	83) B
24) 8	54) A	84) C
25) 7	55) D	85) B
26) 6	56) A	86) A
27) 10	57) E	87) C
28) 7	58) D	88) A
29) 5	59) E	89) A
30) 2	60) C	90) D

91) p	123) a	155) r
92) t	124) d	156) a
93) c	125) k	157) a
94) e	126) s	158) r
95) n	127) ä	159) r
96) b	128) e	160) e
97) r	129) w	161) D
98) a	130) s	162) D
99) e	131) r	163) E
100) c	132) W	164) C
101) e	133) c	165) E
102) b	134) e	166) D
103) t	135) t	167) A
104) n	136) r	168) D
105) o	137) S	169) D
106) r	138) i	170) B
107) y	139) e	171) B
108) l	140) G	172) E
109) l	141) i	173) B
110) i	142) a	174) A
111) a	143) e	175) D
112) t	144) ü	176) C | B | A
113) b	145) ü	177) B | C | A
114) f	146) n	178) B | C | A
115) A	147) f	179) A | B | C
116) k	148) n	180) C | A | B
117) z	149) c	181) C | B | A
118) e	150) g	182) B | A | C
119) S	151) r	183) A | C | B
120) f	152) ü	184) C | A | B
121) n	153) e	185) A | B | C
122) a	154) l	186) A | B | C

187) C | B | A	**207)** 42	**227)** 11
188) A | C | B	**208)** 26	**228)** 15
189) A | C | B	**209)** 38	**229)** 10
190) B | A | C	**210)** 11	**230)** 8
191) C | B | A	**211)** 40	**231)** 22
192) B | A | C	**212)** 104	**232)** 8
193) A | C | B	**213)** 63	**233)** 10
194) C | A | B	**214)** 5	**234)** 10
195) C | A | B	**215)** 9	**235)** 5
196) A | B | C	**216)** 45	**236)** B
197) C | B | A	**217)** –2	**237)** C
198) B | C | A	**218)** –2	**238)** D
199) A | B | C	**219)** 15	**239)** B
200) B | A | C	**220)** 3	**240)** A
201) 17	**221)** 15	**241)** B
202) 6	**222)** 2	**242)** A
203) 6	**223)** 5	**243)** C
204) 10	**224)** 40	**244)** A
205) 28	**225)** 36	**245)** D
206) 34	**226)** 13	

„3/6/8/9-Test" (Aufgaben 1–40)

Zu 1)	8	6	6	8	9	8	3	9	8	3	9	8	9	8	3	8	9	8	9	3	6
Zu 2)	8	8	6	8	6	8	9	8	9	8	6	8	9	9	3	8	3	8	9	9	6
Zu 3)	8	9	9	8	9	8	6	8	6	8	8	6	9	8	8	6	8	3	9	8	5
Zu 4)	8	3	8	6	6	8	6	8	8	9	8	6	8	9	8	3	8	3	8	9	3
Zu 5)	8	3	3	8	6	8	6	8	8	9	6	9	8	9	9	6	8	9	8	9	6
Zu 6)	8	8	6	8	3	8	3	3	8	6	8	8	9	9	8	6	6	8	9	9	4
Zu 7)	8	6	8	3	9	8	3	9	8	9	8	3	9	9	8	6	6	8	9	9	7
Zu 8)	8	8	9	8	9	8	9	3	8	9	9	6	9	8	9	6	9	8	9	8	9
Zu 9)	8	8	3	3	8	6	9	8	9	9	9	8	6	6	8	3	9	8	3	8	5

Zu 10)	8	8	8	3	8	3	6	8	6	8	**9**	8	3	8	**9**	8	**9**	3	8	8	*3*
Zu 11)	8	8	3	8	3	8	6	**9**	8	**9**	8	8	**9**	**9**	8	6	3	8	**9**	**9**	*6*
Zu 12)	8	8	**9**	3	8	**9**	8	3	**9**	8	8	**9**	3	**9**	8	6	8	**9**	8	**9**	*7*
Zu 13)	8	8	3	6	8	8	**9**	8	6	**9**	8	**9**	6	**9**	8	3	8	**9**	8	**9**	*6*
Zu 14)	8	3	8	**9**	8	6	6	8	**9**	8	3	8	**9**	6	**9**	8	6	8	**9**	8	*5*
Zu 15)	8	6	8	3	8	**9**	8	8	3	8	**9**	8	**9**	**9**	8	6	**9**	8	**9**	**9**	*7*
Zu 16)	8	6	**9**	8	6	**9**	8	3	**9**	8	**9**	3	**9**	6	**9**	8	**9**	6	**9**	8	*8*
Zu 17)	6	8	8	6	8	3	3	8	6	8	**9**	8	**9**	**9**	**9**	8	**9**	8	**9**	**9**	*7*
Zu 18)	3	8	6	**9**	8	**9**	8	6	8	8	**9**	6	**9**	**9**	8	3	**9**	8	**9**	**9**	*8*
Zu 19)	6	8	6	8	8	**9**	8	**9**	3	**9**	**9**	8	3	6	8	8	**9**	8	6	8	*5*
Zu 20)	8	**9**	8	**9**	3	**9**	8	3	8	6	**9**	6	**9**	**9**	8	3	**9**	8	**9**	**9**	*9*
Zu 21)	8	8	3	6	6	**9**	3	**9**	8	**9**	8	6	**9**	8	6	3	8	8	**9**	8	*5*
Zu 22)	8	8	8	8	6	3	6	8	3	**9**	8	3	**9**	**9**	**9**	8	3	8	**9**	**9**	*6*
Zu 23)	8	8	8	3	8	3	6	8	6	8	8	6	8	8	**9**	8	6	8	8	8	*1*
Zu 24)	**9**	8	**9**	**9**	**9**	**9**	8	6	8	**9**	8	8	8	**9**	8	8	6	3	3	**9**	*8*
Zu 25)	8	**9**	**9**	8	8	**9**	**9**	8	6	**9**	8	**9**	8	6	3	3	8	**9**	8	8	*7*
Zu 26)	8	6	8	**9**	**9**	8	**9**	**9**	**9**	8	3	6	8	8	**9**	8	3	6	6	8	*6*
Zu 27)	**9**	**9**	**9**	8	**9**	8	**9**	6	**9**	6	**9**	3	**9**	8	3	8	**9**	8	**9**	8	*10*
Zu 28)	8	**9**	8	8	**9**	**9**	8	8	**9**	8	**9**	8	3	8	**9**	3	**9**	8	3	8	*7*
Zu 29)	8	8	**9**	**9**	**9**	8	8	**9**	8	3	8	3	6	6	**9**	8	8	6	8	8	*5*
Zu 30)	8	8	**9**	8	8	8	8	8	3	6	3	8	3	8	**9**	8	6	6	8	8	*2*
Zu 31)	8	8	**9**	**9**	6	**9**	**9**	8	**9**	8	6	8	3	8	**9**	3	8	6	8	6	*6*
Zu 32)	8	8	3	**9**	8	3	**9**	8	**9**	**9**	8	**9**	8	6	8	6	8	**9**	8	8	*6*
Zu 33)	8	8	**9**	**9**	8	3	**9**	**9**	8	3	**9**	**9**	8	6	6	8	**9**	**9**	8	8	*8*
Zu 34)	8	8	8	3	8	3	8	**9**	3	**9**	8	**9**	6	**9**	8	6	8	**9**	8	**9**	*6*
Zu 35)	8	6	8	3	8	6	8	8	3	8	8	**9**	**9**	**9**	8	3	8	**9**	**9**	**9**	*6*
Zu 36)	3	8	3	8	6	8	6	8	6	8	8	3	8	**9**	**9**	8	8	3	6	**9**	*3*
Zu 37)	8	3	8	3	3	8	8	6	**9**	8	**9**	3	**9**	**9**	8	6	**9**	8	**9**	**9**	*7*
Zu 38)	8	6	8	3	8	8	3	8	**9**	8	**9**	8	**9**	8	6	8	**9**	8	**9**	8	*5*
Zu 39)	**9**	8	**9**	**9**	8	8	**9**	8	8	**9**	8	8	8	**9**	8	8	8	8	8	**9**	*7*
Zu 40)	8	**9**	8	6	8	6	8	3	3	8	**9**	8	**9**	8	3	6	**9**	8	**9**	8	*5*

Adressen einprägen (Aufgaben 41–70)

Zu 41) C. Potsdam

Der Anfangsbuchstabe von Frau Brandner lautet „B“. Potsdam ist die richtige Lösung, da sie als einzige der aufgezählten Städte in einem Bundesland liegt, das mit dem Buchstaben „B“ beginnt, nämlich in Brandenburg.

Zu 42) A. Göttingen

Der Anfangsbuchstabe von Herrn Neuner lautet „N“. Göttingen ist die richtige Lösung, da sie als einzige der aufgezählten Städte in einem Bundesland liegt, das mit dem Buchstaben „N“ beginnt, nämlich in Niedersachsen.

Zu 43) D. Stuttgart

Der Anfangsbuchstabe von Frau Bernadotte lautet „B“. Stuttgart ist die richtige Lösung, da sie als einzige der aufgezählten Städte in einem Bundesland liegt, das mit dem Buchstaben „B“ beginnt, nämlich in Baden-Württemberg.

Zu 44) B. Magdeburg

Der Anfangsbuchstabe von Herrn Sözmen lautet „S“. Magdeburg ist die richtige Lösung, da sie als einzige der aufgezählten Städte in einem Bundesland liegt, das mit dem Buchstaben „S“ beginnt, nämlich in Sachsen-Anhalt.

Zu 45) E. Hamburg

Der Anfangsbuchstabe von Frau Hofmann lautet „H“. Hamburg ist die richtige Lösung, da es als Stadtstaat mit dem Buchstaben „H“ beginnt.

Zu 46) C. Saarbrücken

Der Anfangsbuchstabe von Frau Salzer lautet „S“. Saarbrücken ist die richtige Lösung, da sie als einzige der aufgezählten Städte in einem Bundesland liegt, das mit dem Buchstaben „S“ beginnt, nämlich im Saarland.

Zu 47) D. Wiesbaden

Der Anfangsbuchstabe von Herrn Holzer lautet „H“. Wiesbaden ist die richtige Lösung, da sie als einzige der aufgezählten Städte in einem Bundesland liegt, das mit dem Buchstaben „H“ beginnt, nämlich in Hessen.

Zu 48) B. Bremen

Der Anfangsbuchstabe von Herrn Berthold lautet „B“. Bremen ist die richtige Lösung, da es als Stadtstaat mit dem Buchstaben „B“ beginnt.

Zu 49) C. Kiel

Der Anfangsbuchstabe von Frau Schneider lautet „S“. Kiel ist die richtige Lösung, da sie als einzige der aufgezählten Städte in einem Bundesland liegt, das mit dem Buchstaben „S" beginnt, nämlich in Schleswig-Holstein.

Zu 50) B. Düsseldorf

Der Anfangsbuchstabe von Herrn Naumann lautet „N". Düsseldorf ist die richtige Lösung, da sie als einzige der aufgezählten Städte in einem Bundesland liegt, das mit dem Buchstaben „N" beginnt, nämlich in Nordrhein-Westfalen.

Zu 51) C. 39118

Magdeburg liegt in Sachsen-Anhalt Nord. In Sachsen-Anhalt beginnen die Postleitzahlen überwiegend mit 0 oder 3, lediglich in den Grenzgebieten können sie abweichen.

Zu 52) C. 81375

München liegt in Bayern. In Bayern beginnen die Postleitzahlen überwiegend mit 8 oder 9, lediglich in den Grenzgebieten können sie abweichen.

Zu 53) D. 40231

Düsseldorf liegt in Nordrhein-Westfalen. In Nordrhein-Westfalen beginnen die Postleitzahlen überwiegend mit 4 oder 5, lediglich in den Grenzgebieten können sie abweichen.

Zu 54) A. 20146

Hamburg ist ein Stadtstaat. In Hamburg beginnen die Postleitzahlen überwiegend mit 2, lediglich in den Grenzgebieten können sie abweichen.

Zu 55) D. 24113

Kiel liegt in Schleswig-Holstein. In Schleswig-Holstein beginnen die Postleitzahlen überwiegend mit 2, lediglich in den Grenzgebieten können sie abweichen.

Zu 56) A. 37079

Göttingen liegt in Niedersachsen. In Niedersachsen beginnen die Postleitzahlen überwiegend mit 3 oder 4, lediglich in den Grenzgebieten können sie abweichen.

Zu 57) E. 70435

Stuttgart liegt in Baden-Württemberg. In Baden-Württemberg beginnen die Postleitzahlen überwiegend mit 6 oder 7, lediglich in den Grenzgebieten können sie abweichen.

Zu 58) D. 65189

Wiesbaden liegt in Hessen. In Hessen beginnen die Postleitzahlen überwiegend mit 3 oder 6, lediglich in den Grenzgebieten können sie abweichen.

Zu 59) E. 99102

Erfurt liegt in Thüringen. In Thüringen beginnen die Postleitzahlen überwiegend mit 9, lediglich in den Grenzgebieten können sie abweichen.

Zu 60) C. 14467

Potsdam liegt in Brandenburg. In Brandenburg beginnen die Postleitzahlen überwiegend mit 1, lediglich in den Grenzgebieten können sie abweichen.

Zu 61) D. 40

Der Anfangsbuchstabe von Herrn Naumann lautet „N". Bei dieser Frage kommen mehrere Antworten in Betracht. Sie können die Frage nur richtig beantworten, wenn Sie sich die Hausnummer gemerkt haben. 40 ist die richtige Lösung.

Zu 62) B. 14

Der Anfangsbuchstabe von Frau Brandner lautet „B". Bei dieser Frage kommen mehrere Antworten in Betracht. Sie können die Frage nur richtig beantworten, wenn Sie sich die Hausnummer gemerkt haben. 14 ist die richtige Lösung.

Zu 63) C. 81

Der Anfangsbuchstabe von Frau Batrovic lautet „B". Bei dieser Frage kommen mehrere Antworten in Betracht. Sie können die Frage nur richtig beantworten, wenn Sie sich die Hausnummer gemerkt haben. 81 ist die richtige Lösung.

Zu 64) A. 28

Der Anfangsbuchstabe von Herrn Berthold lautet „B". Bei dieser Frage kommen mehrere Antworten in Betracht. Sie können die Frage nur richtig beantworten, wenn Sie sich die Hausnummer gemerkt haben. 28 ist die richtige Lösung.

Zu 65) E. 65

Der Anfangsbuchstabe von Herrn Holzer lautet „H". Bei dieser Frage kommen mehrere Antworten in Betracht. Sie können die Frage nur richtig beantworten, wenn Sie sich die Hausnummer gemerkt haben. 65 ist die richtige Lösung.

Zu 66) A. Malergasse 20

Der Anfangsbuchstabe von Frau Hofmann lautet „H". Bei dieser Frage kommen mehrere Antworten in Betracht. Sie können die Frage nur richtig beantworten, wenn Sie sich die Straßennamen gemerkt haben. Malergasse 20 ist die richtige Lösung.

Zu 67) E. Burgstraße 37

Der Anfangsbuchstabe von Herrn Neuner lautet „N". Bei dieser Frage kommen mehrere Antworten in Betracht. Sie können die Frage nur richtig beantworten, wenn Sie sich die Straßennamen gemerkt haben. Burgstraße 37 ist die richtige Lösung.

Zu 68) **B.** Frankenallee 39

Der Anfangsbuchstabe von Herrn Sözmen lautet „S“. Bei dieser Frage kommen mehrere Antworten in Betracht. Sie können die Frage nur richtig beantworten, wenn Sie sich die Straßennamen gemerkt haben. Frankenallee 39 ist die richtige Lösung.

Zu 69) **D.** Geleitstraße 66

Der Anfangsbuchstabe von Frau Salzer lautet „S“. Bei dieser Frage kommen mehrere Antworten in Betracht. Sie können die Frage nur richtig beantworten, wenn Sie sich die Straßennamen gemerkt haben. Geleitstraße 66 ist die richtige Lösung.

Zu 70) **C.** Rheinstraße 40

Der Anfangsbuchstabe von Herrn Naumann lautet „N“. Bei dieser Frage kommen mehrere Antworten in Betracht. Sie können die Frage nur richtig beantworten, wenn Sie sich die Straßennamen gemerkt haben. Rheinstraße 40 ist die richtige Lösung.

Lösungshilfe: Faustregel Postleitzahlen

PLZ 00000–09999:	Sachsen, Sachsen-Anhalt Süd, Thüringen Ost, Brandenburg Süd
PLZ 10000–19999:	Berlin, Brandenburg, Mecklenburg-Vorpommern
PLZ 20000–29999:	Schleswig-Holstein, Hamburg, Bremen, Niedersachsen Nord
PLZ 30000–39999:	Niedersachsen Süd, Hessen Nord und Mitte, Sachsen-Anhalt Nord
PLZ 40000–49999:	Nordrhein-Westfalen Nord, Niedersachsen West
PLZ 50000–59999:	Nordrhein-Westfalen Süd, Rheinland-Pfalz
PLZ 60000–69999:	Saarland, Hessen Süd, Baden-Württemberg Nord
PLZ 70000–79999:	Baden-Württemberg
PLZ 80000–89999:	Bayern Mitte und Süd, Baden-Württemberg Südost
PLZ 90000–99999:	Bayern Nord, Thüringen West

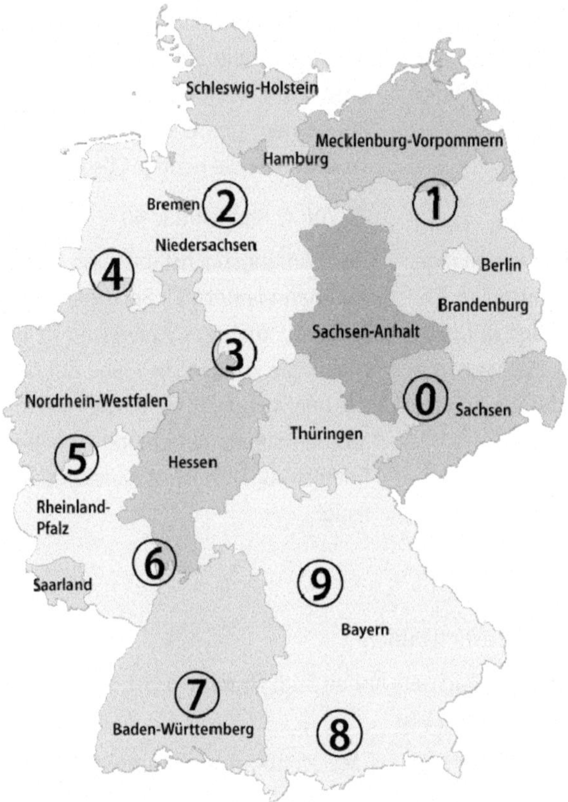

Begriffe wiedererkennen (Aufgaben 71–90)

Zu 71) Zahlen

A. Dreizehn

Zu 72) Sportarten

C. Handball

Zu 73) Insekten

B. Libelle

Zu 74) Berufe

A. Dachdecker

Zu 75) Kleidungsstücke

D. Sakko

Zu 76) Blumen

D. Gerbera

Zu 77) Zahlungsarten

C. Kreditkarte

Zu 78) Schulformen

B. Gesamtschule

Zu 79) Nutztiere

D. Kuh

Zu 80) Vornamen

C. Hannah

Zu 81) Emotionen

A. Freude

Zu 82) Bäume

D. Birke

Zu 83) Reiseziele

B. Italien

Zu 84) Jahreszeiten

C. Winter

Zu 85) Augenfarben

B. graublau

Zu 86) Werkstoffe

A. Pappe

Zu 87) Automarke

C. Fiat

Zu 88) Städte

A. Kempten

Zu 89) Namen

A. Meyer

Zu 90) Haustiere

D. Hamster

Buchstaben ergänzen (Aufgaben 91–160)

Zu 91) Pap_p_e

Zu 92) S_t_adt

Zu 93) Mil_c_h

Zu 94) F_e_uer

Zu 95) Tech_n_ik

Zu 96) Ge_b_irge

Zu 97) Ausd_r_uck

Zu 98) K_a_mel

Zu 99) Tann_e_

Zu 100) Fur_c_ht

Zu 101) R_e_ifen

Zu 102) Ga_b_el

Zu 103) La_t_erne

Zu 104) A_n_walt

Zu 105) D_o_kument

Zu 106) B_r_ief

Zu 107) Ph_y_sik

Zu 108) Te_l_efon

Zu 109) P_l_astik

Zu 110) Er_i_nnerung

Zu 111) P_a_pier

Zu 112) Bret_t_

Zu 113) Fuß_b_oden

Zu 114) P_f_licht

Zu 115) _A_uswahl

Zu 116) Gedan_k_e

Zu 117) Pa_z_ifik

Zu 118) Asi_e_n

Zu 119) _S_trom

Zu 120) Re_f_orm

Zu 121) Fi_n_anzen

Zu 122) Gest_a_lt

Zu 123) N_a_chmittag

Zu 124) Sü_d_en

Zu 125) Dec_k_el

Zu 126) Ge_s_chenk

Zu 127) St_ä_rke

Zu 128) W_e_rbung

Zu 129) Z_w_ang

Zu 130) Au_s_sage

Zu 131) F_r_age

Zu 132) _W_irkung

Zu 133) S_c_hrift

Zu 134) Hant_e_l

Zu 135) Doch_t_

Zu 136) T_r_eppe

Zu 137) _S_tuhl

Zu 138) Auss_i_cht

Zu 139) W_e_tter

Zu 140) _G_erät

Zu 141) Se_i_fe

Zu 142) G_a_ns

Zu 143) Gart_e_n

Zu 144) Gem_ü_se

Zu 145) Pr_ü_fung

Zu 146) Tor_n_ado

Zu 147) Wür_f_el

Zu 148) Me_n_sch

Zu 149) Beri_c_ht

Zu 150) Si_g_nal

Zu 151) Ve_r_trauen

Zu 152) B_ü_ndnis

Zu 153) Erg_e_bnis

Zu 154) Kabe_l_

Zu 155) B_r_and

Zu 156) K_a_mpf

Zu 157) K_a_rte

Zu 158) O_r_dnung

Zu 159) P_r_otest

Zu 160) Zw_e_rg

Figurenpaare merken (Aufgaben 161–150)

Zu 161) D.

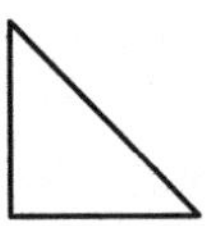

Zu 162) D.

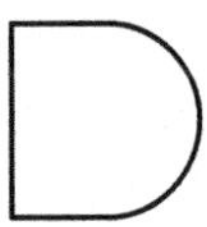

Zu 163) E.

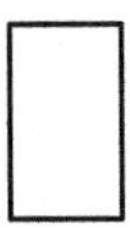

Zu 164) C.

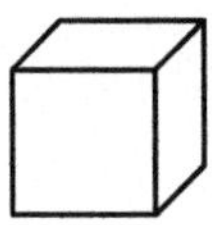

Zu 165) E.

Zu 166) D.

Zu 167) A.

Zu 168) D.

Zu 169) D.

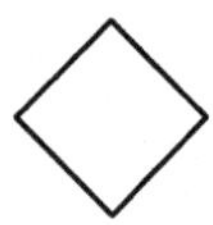

Zu 170) B.

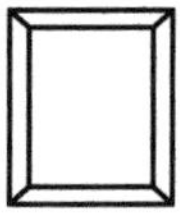

Zu 171) B.

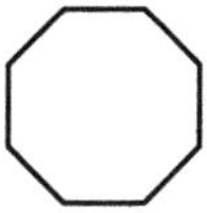

Zu 172) E.

Zu 173) B.

Zu 174) A.

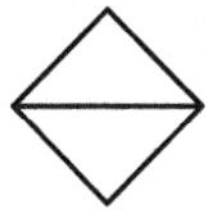

Zu 175) D.

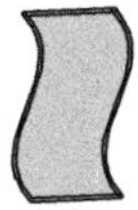

Kommazahlen sortieren (Aufgaben 176–200)

Aufgabe	Zahl	Lösung
Zu 176)	4,15	*C*
	4,124	*B*
	4,12	*A*
Zu 177)	23,576	*B*
	23,5764	*C*
	23,5674	*A*
Zu 178)	0,0011	*B*
	0,01	*C*
	0,001	*A*
Zu 179)	5,23	*A*
	5,3	*B*
	5,32	*C*
Zu 180)	198,5	*C*
	189,455	*A*
	198,41	*B*
Zu 181)	3,222	*C*
	3,22	*B*
	3,2022	*A*
Zu 182)	7,77	*B*
	7,7	*A*
	7,777	*C*
Zu 183)	–2,113	*A*
	–1,311	*C*
	–2,1094	*B*
Zu 184)	3	*C*
	–33	*A*
	–3	*B*
Zu 185)	0,7	*A*
	0,79	*B*
	0,795	*C*
Zu 186)	85,558	*A*
	85,585	*B*
	85,855	*C*
Zu 187)	6,48	*C*
	6,4	*B*
	6,2	*A*
Zu 188)	4.135,494	*A*
	4.153,49	*C*
	4.135,94	*B*
Zu 189)	47,474	*A*
	47,747	*C*
	47,477	*B*
Zu 190)	–27,4	*B*
	–27,9	*A*
	–27,34	*C*

Zu 191)	0,3	*C*	**Zu 195)**	5.786,1	*C*	**Zu 199)**	−2,9	*A*
	0,2	*B*		5.678,1	*A*		2,9	*B*
	0,1	*A*		5.768,1	*B*		9,2	*C*
Zu 192)	13,564	*B*	**Zu 196)**	−5.781,1	*A*	**Zu 200)**	12,888	*B*
	13,56	*A*		−5.768,1	*B*		12,886	*A*
	13,654	*C*		−5.678,1	*C*		12,898	*C*
Zu 193)	529,003	*A*	**Zu 197)**	47	*C*			
	529,03	*C*		46,5	*B*			
	529,0033	*B*		45,6	*A*			
Zu 194)	−3,24	*C*	**Zu 198)**	1.784,1874	*B*			
	−34,2	*A*		1.874,1784	*C*			
	−32,4	*B*		1.784,1784	*A*			

Rechnen mit Hindernis (Aufgaben 201–235)

Zu 201)	18 − 1 = ***17***	**Zu 205)**	8 + 20 = ***28***	**Zu 209)**	54 − 16 = ***38***
Zu 202)	11 − 5 = ***6***	**Zu 206)**	13 + 21 = ***34***	**Zu 210)**	−10 − (−21) = ***11***
Zu 203)	14 − 8 = ***6***	**Zu 207)**	14 + 28 = ***42***	**Zu 211)**	17 + 23 = ***40***
Zu 204)	16 − 6 = ***10***	**Zu 208)**	11 + 15 = ***26***	**Zu 212)**	46 + 58 = ***104***

Zu 213) 29 + 34 = ***63***

Zu 214) 16 − 11 = ***5***

Zu 215) 0 + 9 = ***9***

Zu 216) 14 + 31 = ***45***

Zu 217) −9 + 7 = ***−2***

Zu 218) −1 + (−1) = ***−2***

Zu 219) −8 + 23 = ***15***

Zu 220) −12 − (−15) = ***3***

Zu 221) 30 − 15 = ***15***

Zu 222) 22 − 20 = ***2***

Zu 223) 20 − 15 = ***5***

Zu 224) 20 + 20 = ***40***

Zu 225) 14 + 22 = ***36***

Zu 226) 49 − 36 = ***13***

Zu 227) 29 − 18 = ***11***

Zu 228) 11 − (−4) = ***15***

Zu 229) 20 − 10 = ***10***

Zu 230) 30 − 22 = ***8***

Zu 231) 42 − 20 = ***22***

Zu 232) 30 − 22 = ***8***

Zu 233) 32 − 22 = ***10***

Zu 234) 24 − 14 = ***10***

Zu 235) 40 − 35 = ***5***

Zahl/Buchstaben-Paare merken (Aufgaben 236–245)

Zu 236) **B.** BBAA

Zu 237) **C.** FFHH

Zu 238) **D.** JLJL

Zu 239) **B.** NANA

Zu 240) **A.** OUOU

Zu 241) **B.** SISI

Zu 242) **A.** LHGE

Zu 243) **C.** FEAR

Zu 244) **A.** WECM

Zu 245) **D.** GDEB

Anhang

Tabelle: Maße und Einheiten

Einheit	Einheitenzeichen	Umrechnung
	Länge	
Kilometer	km	1 km = 1.000 m
Meter	m	1 m = 10 dm = 100 cm
Dezimeter	dm	1 dm = 10 cm = 100 mm
Zentimeter	cm	1 cm = 10 mm
Millimeter	mm	1 mm = 1.000 µm
Mikrometer	µm	
	Fläche	
Quadratkilometer	km^2	1 km^2 = 100 ha
Hektar	ha	1 ha = 100 a
Ar	a	1 a = 100 m^2
Quadratmeter	m^2	1 m^2 = 100 dm^2
Quadratdezimeter	dm^2	1 dm^2 = 100 cm^2
Quadratzentimeter	cm^2	1 cm^2 = 100 mm^2
Quadratmillimeter	mm^2	
	Volumen	
Kubikkilometer	km^3	1 km^3 = 1.000.000.000 m^3
Kubikmeter	m^3	1 m^3 = 1.000 dm^3
Kubikdezimeter	dm^3	1 dm^3 = 1.000 cm^3
Kubikzentimeter	cm^3	1 cm^3 = 1.000 mm^3
Kubikmillimeter	mm^3	

Hektoliter	hl	1 hl = 100 l
Liter	l	1 l = 10 dl
Deziliter	dl	1 dl = 10 cl
Zentiliter	cl	1 cl = 10 ml
Milliliter	ml	1 ml = 1.000 µl
Mikroliter	µl	
	Masse	
Tonne	t	1 t = 20 ztr = 1.000 kg
Zentner	ztr	1 ztr = 50 kg
Kilogramm	kg	1 kg = 1.000 g
Pfund	pf	1 pf = 500 g
Gramm	g	1 g = 1.000 mg
Milligramm	mg	1 mg = 1.000 µg
Mikrogramm	µg	
	Zeit	
Jahr	a	1 a = 365 d
Woche	w	1 w = 7 d
Tag	d	1 d = 24 h
Stunde	h	1 h = 60 min
Minute	min	1 min = 60 s
Sekunde	s	1 s = 1.000 ms
Millisekunden	ms	
	Geschwindigkeit	
Kilometer pro Stunde	km/h	1 km/h = 0,2778 m/s
Meter pro Sekunde	m/s	1 m/s = 3,6 km/h

	Kraft	
Newton	N	$1\ N = 1\ kg \times m / s^2$
	Druck	
Bar	bar	1 bar = 100.000 Pa
Pascal	Pa	1 Pa = 0,00001 bar
	Temperatur	
Grad Celsius	°C	$T_{Celsius} = T_{Kelvin} - 273{,}15$
Kelvin	K	$T_{Kelvin} = T_{Celsius} + 273{,}15$

Ausbildungspark Verlag GmbH

Bettinastraße 69 • 63067 Offenbach am Main
Tel. (069) 40 56 49 73 • Fax (069) 43 05 86 02
E-Mail: kontakt@ausbildungspark.com
Internet: www.ausbildungspark.com